少年儿童成长百科 YUZHOU QIGUAN

宇宙奇观

张　哲◎编著

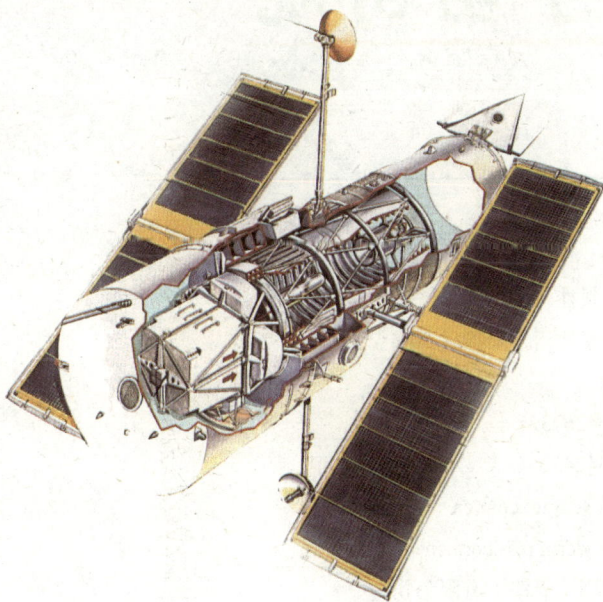

中国出版集团　现代出版社

图书在版编目（CIP）数据

宇宙奇观 / 张哲编著. —北京：现代出版社，2012.12
（少年儿童成长百科）
ISBN 978-7-5143-0908-9

Ⅰ. ①宇… Ⅱ. ①张… Ⅲ. ①宇宙—少儿读物 Ⅳ. ①
P159-49

中国版本图书馆 CIP 数据核字（2012）第 274876 号

少年儿童成长百科　YUZHOU QIGUAN

宇宙奇观

作　　者	张　哲
责任编辑	袁　涛
出版发行	现代出版社
地　　址	北京市安定门外安华里 504 号
邮政编码	100011
电　　话	(010) 64267325
传　　真	(010) 64245264
电子邮箱	xiandai@cnpitc.com.cn
网　　址	www.modernpress.com.cn
印　　刷	汇昌印刷（天津）有限公司
开　　本	700×1000　1/16
印　　张	10
版　　次	2013 年 1 月第 1 版　2021 年 3 月第 3 次印刷
书　　号	ISBN 978-7-5143-0908-9
定　　价	29.80 元

前言

从懂事的那天起，孩子们的脑子里就产生了许多疑问与好奇。宇宙有多大？地球是从哪里来的？人是怎么来到这个世界上的？船为什么能在水上行走？海洋里的动物是什么样的？还有没有活着的恐龙？动物们是怎样生活的？植物又怎么吃饭？

只靠课本上的知识，已经远远不能满足孩子们对大千世界的好奇心。现在，我们将这套"少年儿童成长百科"丛书奉献给大家，包括《宇宙奇观》《地球家园》《人体趣谈》《交通工具》《海洋精灵》《恐龙家族》《动物乐园》《植物天地》《科学万象》《武器大全》十本。本丛书以殷实有趣的知识和生动活泼的语言，解答了孩子们在日常生活中的种种疑问，引导读者在轻松愉快的阅读中渐渐步入浩瀚的知识海洋。

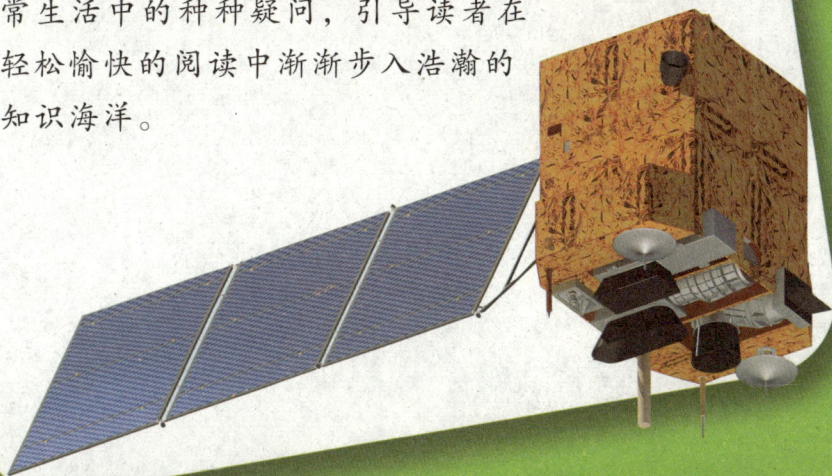

目录
MULU

我们的宇宙

我们的宇宙是个大家庭，我们生活的地球以及月亮、太阳和许多的星星都在这个大家庭里。人类一直在探索着宇宙的奥秘。

天体

天体是宇宙间各种星系的统称，包括恒星、流星、星云、星系等。除了这些自然天体，人们还发射了各式各样的人造天体，如人造卫星、宇宙飞船、空间站、航天飞机等。

小档案

宇宙的奥妙是无穷尽的，它的年龄很大，包含的物质也很多。

包罗万象

神秘的宇宙中有许多我们人类所未知的秘密，科学家们利用各种望远镜和空间探测器，知道了宇宙中的许多知识：遥远的恒星、多姿的星云、小小的行星……但是还有许多秘密等待着我们去发现。

宇宙的起源

jiè suǒ yǒu de dōng xi dōu yǒu tā de lái yuán yǔ zhòu shì gè wù zhì de shì
世界所有的东西都有它的来源，宇宙是个物质的世
jiè zì rán yě yǒu qǐ yuán zhè shì gè hěn shén mì ér qiě shēn ào de wèn
界，自然也有起源。这是个很神秘而且深奥的问
tí xiǎopéng yǒu menxiǎng bù xiǎng zhī dào yǔ zhòu de yuán shǐ shì shén me ne nà me gēn
题，小朋友们想不想知道宇宙的原始是什么呢？那么跟
wǒ lái kàn yī xià ba
我来看一下吧。

宇宙起源的本质

guān yú yǔ zhòu qǐ yuán běn zhì
关于宇宙起源本质
yǒu liǎngzhǒng yǔ zhòu mó xíng bǐ
有两种"宇宙模型"比
jiào yǒu yǐngxiǎng yī shì wěn tài lǐ
较有影响，一是稳态理
lùn yī shì dà bào zhà lǐ lùn
论，一是大爆炸理论。

在中国的神话传说中，宇宙最初
形似一个鸡蛋，巨人盘古沉睡其中，
有一天，他从长梦中醒来，用巨斧劈
开"蛋壳"，一部分清新的气体上升
成了天，另一部分浑浊的东西坠落成
为了地。

◢ "诞生"——宇宙大爆炸

zuì chū yǔ zhòu de wù zhì jí zhōng zài yí gè
最初宇宙的物质集中在一个

yǔ zhòu dàn lǐ zài yí cì dà bào zhà hòu
"宇宙蛋"里，在一次大爆炸后

fēn liè chéng wú shù de suì piàn xíng chéng le jīn
分裂成无数的碎片，形成了今

tiān de yǔ zhòu
天的宇宙。

→ "大爆炸"说认为，在爆炸之初，宇宙中不存
在质量，充斥整个宇宙的都是各种能量很高的电
磁辐射。

◢ 循环的大爆炸

yǔ zhòu péng zhàng dá dào jí diǎn shí jiāng yòu
宇宙膨胀达到极点时将又

huì fā shēng yì chǎng dà bào zhà dà bào zhà shì
会发生一场大爆炸，大爆炸是

xún huán jìn xíng de dàn shì shí jiān jiàn gé hěn cháng
循环进行的，但是时间间隔很长。

↑ 宇宙大爆炸促成了各种星系的出现。

小档案

宇宙一词出自《庄子》一书，宇，指一切的空间，无边无际；宙，指一切的时间，无始无终。

◢ 大爆炸理论

shì jì nián dài měi guó hé wù lǐ xué jiā jiā mò
20世纪40年代，美国核物理学家伽莫

fū tí chū le yǔ zhòu qǐ yuán yú dà bào zhà de lǐ lùn
夫提出了宇宙起源于大爆炸的理论。

膨胀的宇宙

自古以来，人们就相信宇宙是静止的。但是这种观点在 20 世纪的时候被哈勃改变了，他用实际观测证实了我们所处的宇宙空间在膨胀。

宇宙膨胀是太空本身携带着的星系团在膨胀。

加速膨胀的宇宙

天文学家的观测证实了哈勃的推测，即宇宙现在的确是在膨胀，而且膨胀速度还在增加，也就是说宇宙是加速膨胀的。

多普勒频移

坐在一列火车上经过一个轰鸣的工厂，接近工厂时会觉得噪声很尖锐，远离工厂时会觉得噪声变得低沉，这就是多普勒频移效应。

小档案

天文学家认为，现在宇宙的年龄在 150 亿～200 亿年。

宇宙的膨胀率

péngzhàng lǜ shì yǔ zhòupéngzhàng
膨胀率是宇宙膨胀
de sù dù　yóu　hā bó dìng lǜ
的速度，由"哈勃定律"
dé chū de　hā bó chángshù　jiù shì
得出的"哈勃常数"就是
yǔ zhòupéngzhàng de sù lǜ
宇宙膨胀的速率。

▶ 多普勒频移现象图解

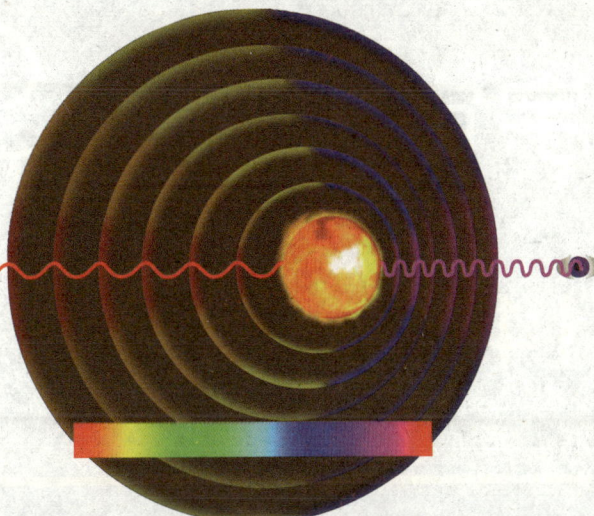

红移现象

guāng yě cún zài duō pǔ lè pín yí　　yǔ zhòuzhōngtiān tǐ de guāngxiàn dōu zài xiànghóngguāngfāngxiàng yí
光也存在多普勒频移，宇宙中天体的光线都在向红光方向移
dòng　chēngwéihóng yí　zhèshuōmíngzhè xiē tiān tǐ dōu zài yuǎn lí wǒ men　　yǔ zhòu zài bú duàn de péngzhàng
动，称为红移。这说明这些天体都在远离我们，宇宙在不断地膨胀。

宇宙膨胀到极限的后果

yǔ zhòupéngzhàngdào jí xiàn zuì zhōng huì biànchéng yí gè dà huǒ qiú　　　dà bēngzhuì　rú guǒ
宇宙膨胀到极限最终会变成一个大火球——"大崩坠"，如果
wàn yǒu yǐn lì bù néng zǔ zhǐ tā de chí xù péngzhàng　tā huì biànchéng yí gè qī hēi bīnglěng de shì jiè
万有引力不能阻止它的持续膨胀，它会变成一个漆黑冰冷的世界。

▶ 正在膨胀的宇宙天体

宇宙大爆炸

140亿年前，宇宙是个巨大的火球，随着温度和密度的增大，它开始慢慢膨胀，终于发生了大爆炸，形成了宇宙。

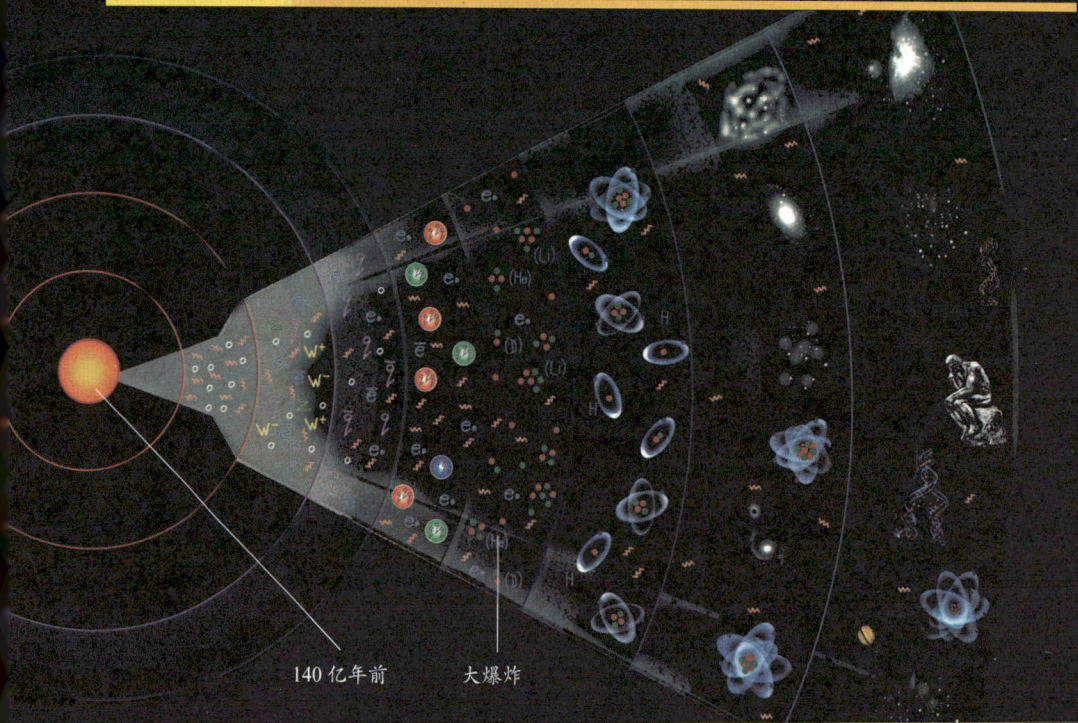

140亿年前　　大爆炸

宇宙之前

在宇宙诞生之前，没有时间和空间的概念，宇宙诞生的时候，时间和空间也随之产生。

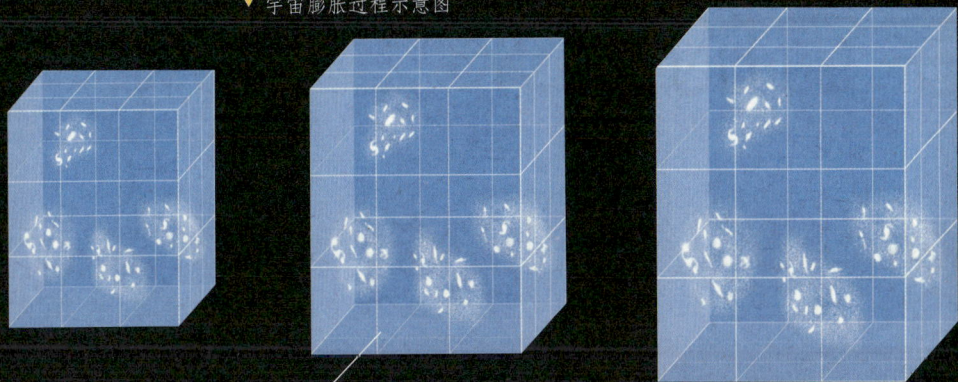

宇宙膨胀过程示意图

宇宙膨胀并不是在某个天体内部的膨胀，事实上，是太空本身携带着星系团在膨胀。

原子诞生

yǔ zhòu bào zhà bàn xiǎo shí hòu   zuì zhǔ yào de bào fā fǎn yìng jī běn jié shù   dàn kuò zhāng réng zài
宇宙爆炸半小时后，最主要的爆发反应基本结束，但扩张仍在

jì xù   dà yuē   wàn nián hòu   yǔ zhòu zhōng de diàn zǐ hé yuán zǐ hé zuì zhōng jié hé chéng wéi yuán zǐ
继续。大约37万年后，宇宙中的电子和原子核最终结合成为原子。

天体出现

zài bào zhà chū de   yì nián hòu   yǔ zhòu biàn de
在爆炸初的10亿年后，宇宙变得

yuè lái yuè tòu míng   zhè shí   zuì zǎo qī de xīng tǐ hé
越来越透明。这时，最早期的星体和

xīng xì kāi shǐ zhú jiàn xíng chéng   yǔ zhòu yě kāi shǐ yǒu le
星系开始逐渐形成，宇宙也开始有了

qīng xī de miàn mào
清晰的面貌。

小档案

宇宙大爆炸是万物之源，是时间、空间和宇宙中一切物质的起点。

宇宙的未来

随着大爆炸，宇宙诞生了，之后就变得越来越胖，很多科学家对宇宙的命运做出了预测，它的未来该是什么呢？科学家们对此做出了科学预测。

膨胀的结果

天文学家曾经猜想，随着宇宙的无限膨胀，大约1000亿年后，宇宙星系都会瓦解，宇宙将成为一个黑暗、虚无和死气沉沉的亚原子世界。

宇宙正变得越来越大，宇宙中的星系正沿着各自的方向朝外飞离。

诞生新宇宙

也有一些科学家认为，万有引力的力量会使宇宙扩张停止并重新向内收缩。塌缩到极限之后宇宙又会产生一次大爆炸，并形成新的宇宙。

越来越近的星星

宇宙收缩的时候，星系和星系、星球和星球之间会不断靠近，出现在人类可视范围内的星星也将变得更多。随着宇宙塌缩，星球间的距离不断减小，不同的天体可能会相互吸引并发生碰撞。

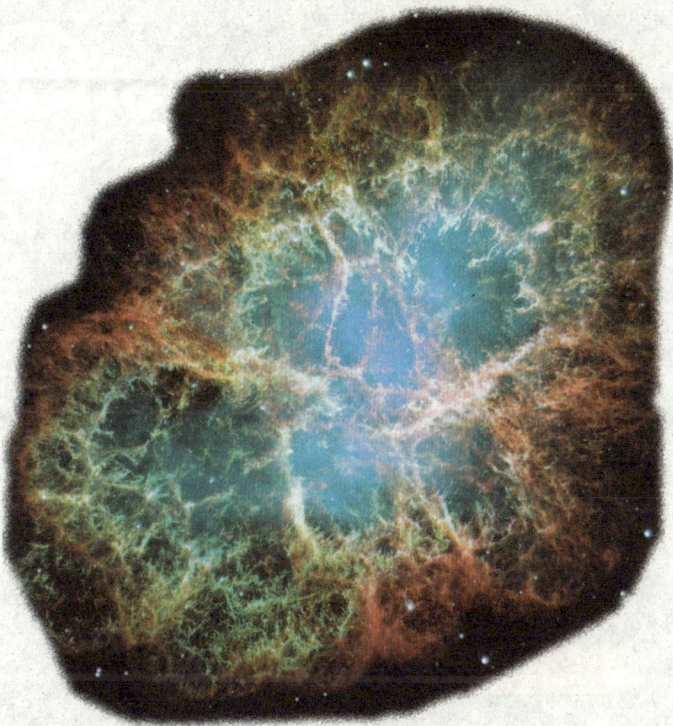

▲ 松散的星云状态物质

↓ 天文望远镜

小档案

根据科学家的推测，宇宙目前这种适于生命存在的状态可能会再维持1000亿年。

美丽的星空

每到晴朗的夜晚，我们就会看到一颗，两颗，三颗……许多颗星星，在夜幕下像精灵一样眨着眼睛。它们还形成了各种有趣的星座，有的像猎人，有的像狮子，有的像勺子……

总在运行的行星

行星是自身不发光的，属于向光星系一族，围绕恒星不停运转。太阳系有八大行星：水星、金星、地球、火星、木星、土星、天王星、海王星。

↑ 闪亮的恒星

熊熊燃烧的恒星

恒星都是气体星球。离地球最近的恒星是太阳，在晴朗的夜晚，我们可以看到6 000多颗恒星，银河系中的恒星大约有1200亿颗。

长尾巴的彗星

huì xīng tuō zhe yì tiáo cháng cháng de
彗星拖着一条长长的

wěi ba　sú chēng　sào zhou xing　 tā
尾巴，俗称"扫帚星"。它

shì yóu bīng dòng wù zhì hé chén āi zǔ chéng
是由冰冻物质和尘埃组成

de xīng jì jiān wù zhì　shǔ yú tài yáng xì
的星际间物质，属于太阳系

zhōng de yí lèi xiǎo tiān tǐ　zài biǎn cháng
中的一类小天体，在扁长

de guǐ dào shàng yùn xíng
的轨道上运行。

烟花般的流星

liú xīng shì fēn bù zài xīng jì kōng jiān de
流星是分布在星际空间的

xì xiǎo wù tǐ hé chén lì　tā men běn lái rào
细小物体和尘粒，它们本来绕

lái yáng yùn xíng　dàn zài jīng guò dì qiú fù jìn
太阳运行，但在经过地球附近

shí　shòu dì qiú yǐn lì de yǐng xiǎng　gǎi biàn
时，受地球引力的影响，改变

guǐ dào xià huá　jiù xíng chéng le liú xīng
轨道下滑，就形成了流星。

小档案

人们通过探测黑
洞吸积盘周围的辐射
推断出黑洞的存在。

"贪吃"的黑洞

hēi dòng yě shì gè qiú tǐ　xī lì
黑洞也是个球体，吸力

jí dà　lián guāng dōu pǎo bù chū lái　shì
极大，连光都跑不出来，是

gè jù dà de wú dǐ dòng
个巨大的无底洞。

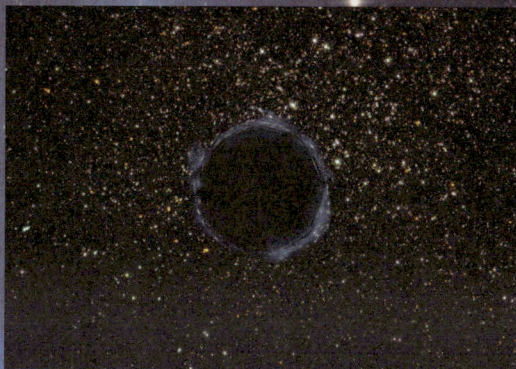

▲ 黑洞

庞大的天球

宇宙是一个大得无边无际的天球，里面有地月系、太阳系、银河系和总星系。太阳公公和地球母亲都在宇宙里面，还有千百亿颗恒星、大量的气体和许许多多的尘埃。

银河系

银河系从正面看像一个车轮的形状，侧看像一个中心略鼓的大圆盘，盘子的周围还有四条"手臂"。银河系包括1200亿颗恒星、星团和星云，但只有地球是已知的存在生命体的球体。

太阳系

太阳系包括8颗行星、至少165颗卫星、6颗已经被人们辨认出来的矮行星和许多小行星、柯伊伯带的天体、彗星和星际尘。

➤ 庞大的宇宙

小档案

太阳系中的八大行星都在同一个平面上的近圆轨道上运行。

关于宇宙的结构，中国古代的天圆地方学说认为天是圆形的。

地月系

dì qiú yǔ yuè liang gòng tóng gòu chéng le dì yuè xì　　zài dì yuè xì zhōng　 dì qiú shì zhōng xīn　 yuè
地球与月亮共同构成了地月系。在地月系中，地球是中心，月
liang wéi rào dì qiú bù tíng de yùn zhuǎn
亮围绕地球不停地运转。

总星系

zǒng xīng xì bìng bú shì yí gè jù tǐ de xīng
总星系并不是一个具体的星
xì　 shì néng bèi rén men guān cè hé tàn cè dào de fàn
系，是能被人们观测和探测到的范
wéi　suǒ bāo hán de xīng xì zài　　 yì gè yǐ shàng
围，所包含的星系在 10 亿个以上。

中世纪的宇宙观

天空最亮的天体

浩瀚宇宙中的天体很多,它们"争强好胜",看谁是"最闪亮的"。天空中最亮的恒星是天狼星,而我们肉眼能看到的最亮的恒星则是太阳。

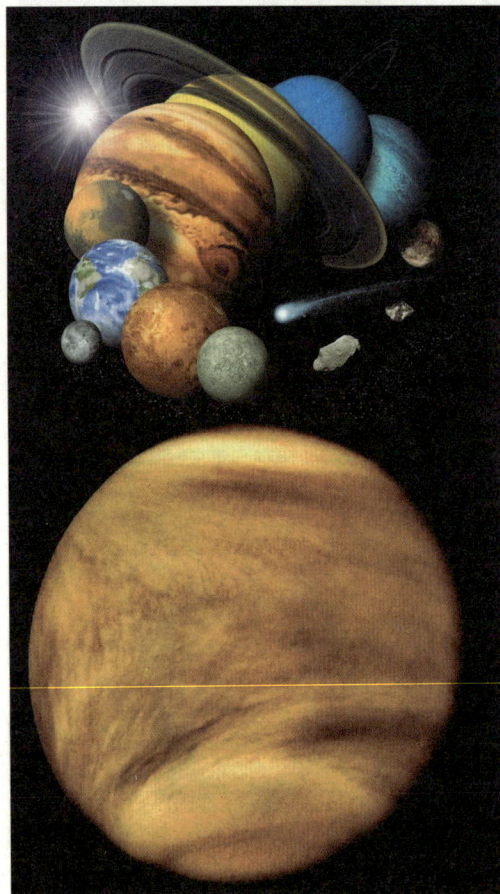

宇宙中的各种星体

星星的亮度

星星的亮度除了与它们到地球的距离和发光强度有关系以外,还和星星的大小有关。星体越大,一般亮度也就越大。

金星

金星是最亮的行星,从地球上看看它没有太阳和月亮明亮,但比天狼星亮14倍,犹如一颗耀眼的钻石。

金星

太阳

太阳属于恒星，是我们能看到的最亮的星星。它总是笑眯眯地普照着大地，是离地球最近的恒星。太阳自身会发光发热，是太阳系的中心天体。

太阳火球

小档案

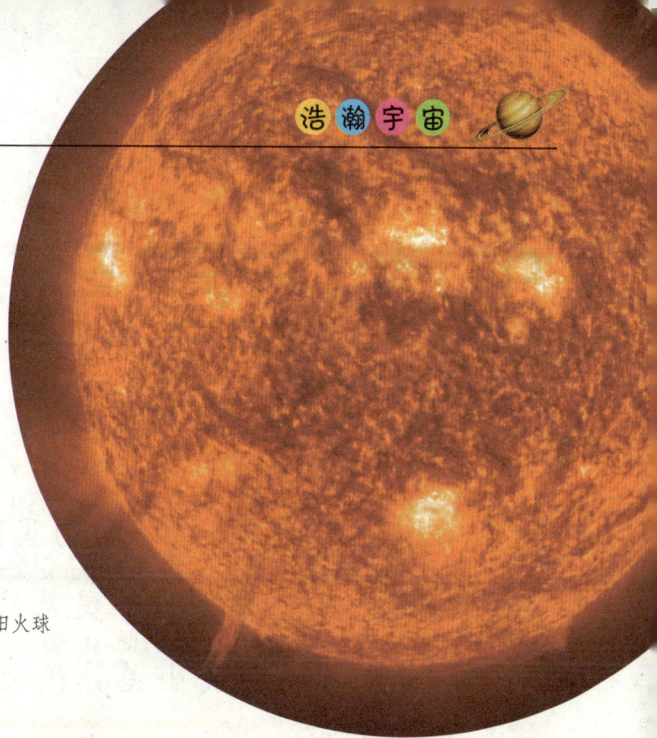

到了夜晚，我们能看见的最亮的星星就变成了月亮。

天狼星

天狼星是夜空中最亮的恒星。天狼星位于大犬座，因为距离地球比较近，再加上体积大，所以看上去十分明亮。

宇宙中的星体

15

庞大的星系

宇宙中有个岛屿就是星系，星系是由千百亿颗恒星以及分布在它们之间的星际物质组成的天体。大部分星系还有数量庞大的多星系统、星团以及各种不同的星云，星系之间的大小差异很大。

"爱热闹"星系的分类

星系很庞大，有几千个，按形状可分为旋涡星系、椭圆星系、棒旋星系、不规则星系、类星系、矮星系等。

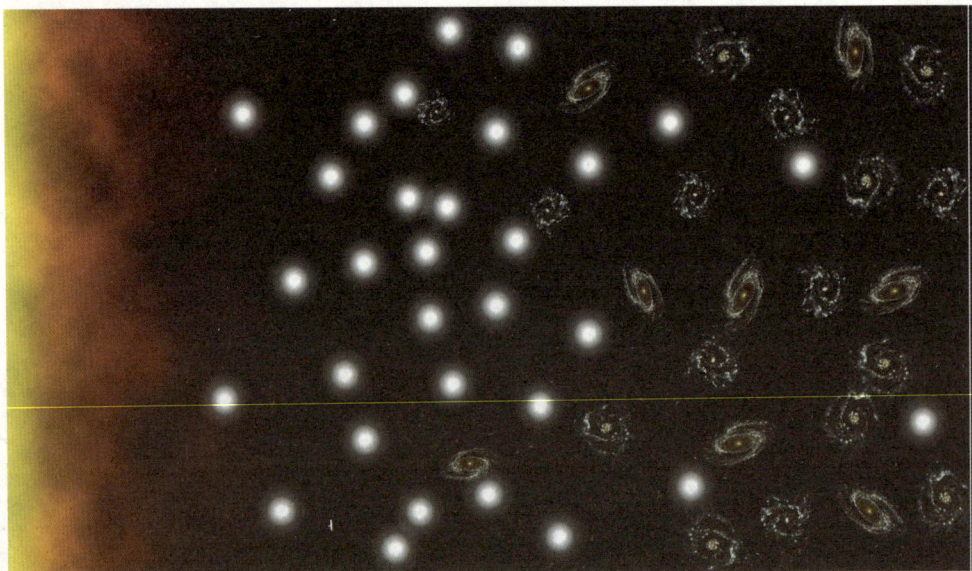

"幼年期"的星系在宇宙中慢慢形成。

星系的形成

yǔ zhòu dà bào zhà shí   dà liàng de wù
宇宙大爆炸时，大量的物
zhì bèi pāo shè dào kōng zhōng píng héng de qì tǐ
质被抛射到空中，平衡的气体
bèi dǎ pò   shǐ zhè xiē wù zhì jù jí zài yì
被打破，使这些物质聚集在一
qǐ xíng chéng wù zhì tuán zhè xiē wù zhì tuán zài
起形成物质团，这些物质团在
yùn dòng zhōng bèi fēn liè   zuì zhōng xíng chéng wú
运动中被分裂，最终形成无
shù héng xīng   zhè shí yuán shǐ de xīng xì biàn xíng
数恒星，这时原始的星系便形
chéng le
成了。

不同形状的星系

星系的活动轨迹

xīng xì běn shēn zài zì zhuàn   zhěng gè
星系本身在自转，整个
xīng xì yě zài kōng jiān yùn dòng   nì shí zhēn
星系也在空间运动，逆时针
xuán zhuǎn de xīng xì gèng duō   ér qiě tā lǐ
旋转的星系更多，而且它里
bian de héng xīng yě bù lǎo shi   dōu zài yùn
边的恒星也不老实，都在运
dòng zhe ne
动着呢。

小档案

星系是爱热闹的，
庞大的，是宇宙中星星
的"岛屿"。

宇宙中庞大的星系

最大的星系

zuì dà de xīng xì zài yǔ zhòu shēn chù   qí zhì liàng chà bù duō
最大的星系在宇宙深处，其质量差不多
shì yín hé xì de   bèi   jù lí dì qiú yuē   yì guāng nián
是银河系的1000倍，距离地球约77亿光年。

椭圆形星系

在 星系的王国里，椭圆星系是老年恒星的集合体，是宇宙中常见的一类星系。它里边几乎不含低温气体，没有年轻的恒星形成，也没有像蜂群那样的成员星在各自轨道上绕着中心转动。

形状

椭圆星系外形呈圆形或椭圆形，中心亮，边缘渐暗，看起来呈红色或黄色。

← 椭圆星系 NGC 1700

椭圆星系 NGC1700

NGC1700 椭圆星系比银河系稍微小一些，不过看起来非常明亮，一架小型望远镜就可以看见它。

类型

按椭率的大小，椭圆星系可分为 E0、E1、E2、E3……E7 八个次型，E0 型是圆星系，E7 型是最扁的椭圆星系。

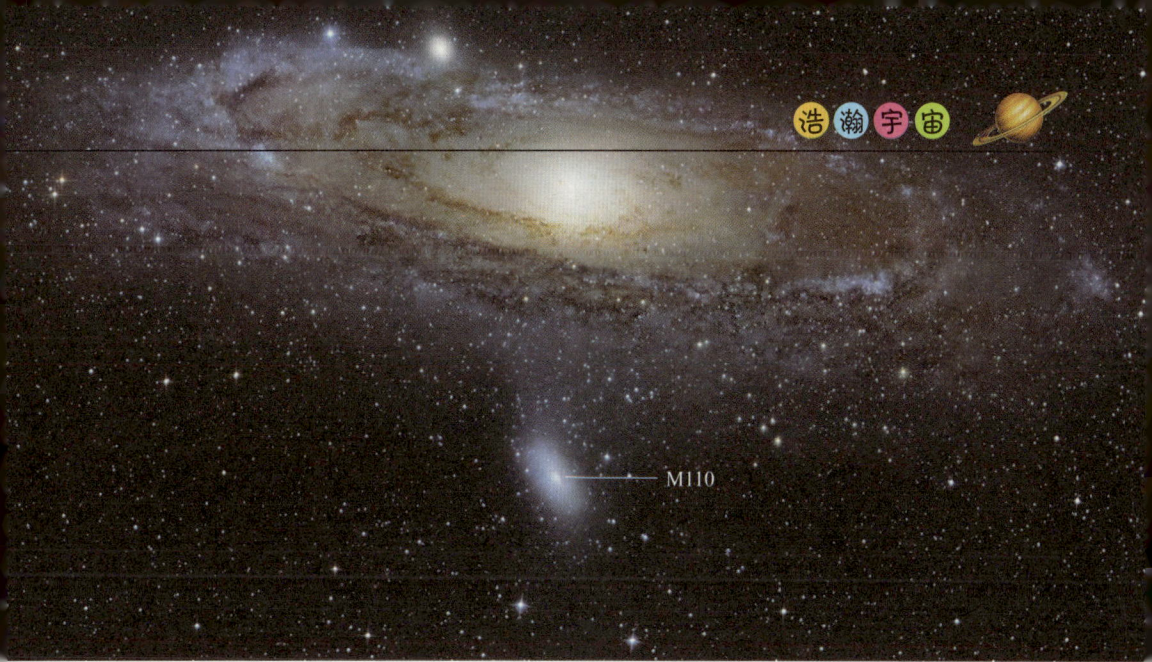

M110

成因

椭圆星系的形成也很有趣，先形成旋涡扁平星系，两个旋涡扁平星系相遇后，混合再形成椭圆星系。

小档案

椭圆星系还是"有精力"的，到目前它仍在产星。

结构

椭圆星系仅有少量气体和尘埃，辐射大部分来自红巨星，没有很热的亮恒星，也没有旋涡结构。

范围

椭圆星系的质量是没有限制的，尺度范围也是最宽广的。

➤ 椭圆星系 NGC1316

旋涡星系

<ruby>在<rt></rt></ruby> 星系的大家庭里，旋涡星系是最大的星系，它的家庭成员有年轻的恒星也有年老的恒星，很是热闹。它也是数量最多、外形最漂亮的一个星系，形状 像江河中的旋涡，所以取名"旋涡星系"。

第一类旋涡星系

第二类旋涡星系

第三类旋涡星系

漩涡星系

形状

从 正面看，漩涡星系的外形呈 旋涡结构，有明显的核心，核心呈凸透镜形，核心球外是一个薄薄的圆盘，有几条旋臂；从侧面看呈梭 状。

形态结构

旋涡星系的核部像椭圆星系，旋臂里含有大量的蓝巨星、疏散星团和气体星云。

家庭成员

旋涡星系家庭成员有大量气体、尘埃、又热又亮的恒星和疏散星团，是有旋臂结构的扁平状星系。

小档案

旋涡星系是一个很热闹的家庭，是星系里最大的一个星系。

结构

旋涡星系是由螺旋臂、星系球核跟星系的扁球体组成。

M104 旋涡星系

棒旋星系

在所有星系中有这样一种星系，它是恒星的核心涌集到一起穿过了旋涡星系的中心形成的，呈棒子状，这种星系就叫做棒旋星系。

形状

棒旋星系的核心呈棒状，并横越过星系的中心，它的两条旋臂在短棒的两头，旋臂与棒体呈90度。

地位

在全天的亮星系中，棒旋星系约占15%，而在较暗的星系中，棒旋星系就更多了，可以达到25%。

NGC1512 星系

↑ 棒旋星系 SBa 类型　　　↑ 棒旋星系 SBb 类型　　　↑ 棒旋星系 SBc 类型

◀ 分类

bàngxuánxīng xì zài xīng xì fēn lèi fǎ yǐ fú hào biǎo shì zhèngchángbàngxuánxīng xì fēn wéi
棒旋星系在星系分类法以符号SB表示。正常棒旋星系分为SBa、
hé tòu jìng xíngbàngxuánxíng xì shì bù guī zé bàngxuánxíng xì fēn wéi hé
SBb 和SBc；透镜型棒旋星系是SBo；不规则棒旋星系分为 SBd 和SBm。

小档案

在棒旋星系中
SBa 的旋臂缠得最紧，
SBc 的旋臂最舒展。

漂亮的星座

bàngxuánxīng xì wèi yú hǎo duō piàoliang de xīng zuò shang
棒旋星系位于好多漂亮的星座上，
bǐ rú xiān nǚ zuò shī zǐ zuò dà xióng zuò hái yǒu jīng
比如仙女座、狮子座、大熊座，还有鲸
yú zuò chángshé zuòděng
鱼座、长蛇座等。

◀ 不一般的运动

bàngxuánxīng xì yùndòng shí hé xīn huì kuài
棒旋星系运动时核心会快
sù xuánzhuǎn zhōu wéi de héngxīng hé qì tǐ dōu
速旋转，周围的恒星和气体都
bú shì yuánzhōuyùndòng xīng xì pán yě huì zì zhuàn
不是圆周运动，星系盘也会自转。

→ NGC1365 星系

不规则星系

不规则星系既没有旋涡的结构，也没有椭圆的形态。它们的外观既没有球状的突起，也没有任何类似于旋涡的结构。多数的不规则星系可能曾经是旋涡星系或椭圆星系，但是因为重力的作用受到破坏而变形。

◄ 双鱼座

外形

顾名思义，不规则星系的外观很混乱不规则。它没有核和旋臂，也没有盘状对称结构。

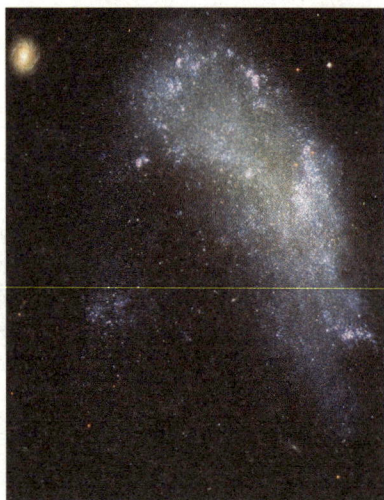

► NGC1427 星系

第一个类型

I型星系是典型的不规则星系，它们的体积很小，质量是太阳的好多倍，还可以看见不规则的棒状结构。

小档案

有一些不规则星系会受邻居影响，使自己的旋涡结构被破坏。

▲ M82 星系

家庭成员

bù guī zé xīng xì zhōng yǒu　　　xíng xīng　diàn lí qīng qū　　qì
不规则星系中有 O-B 型星、电离氢区、气
tǐ hé chén āi děng nián qīng de xīng zú　tiān tǐ　tā men zhàn hěn dà bǐ lì
体和尘埃等年轻的星族I天体，它们占很大比例。

第二个类型

xíng bù guī zé xīng xì méi yǒu gù dìng de wài
II 型不规则星系没有固定的外
mào　yě fēn biàn bù chū héng xīng hé xīng tuán děng zǔ chéng
貌，也分辨不出恒星和星团等组成
chéng fèn　ér qiě yǒu míng xiǎn de chén āi dài
成分，而且有明显的尘埃带。

第三个类型

dì sān zhǒng bù guī zé xīng xì shì ǎi bù
第三种不规则星系是矮不
guī zé xīng xì　zhè zhǒng xīng xì de jīn shǔ hán
规则星系，这种星系的金属含
liàng jiào dī　qì tǐ de chéng fèn piān gāo
量较低，气体的成分偏高。

"Robert 四星组合"

sì xīng zǔ hé　shì yí gè měi lì ér shén mì de zǔ hé　tā shì yóu sì ge bù guī
"Robert 四星组合" 是一个美丽而神秘的组合，它是由四个不规
zé xīng xì zǔ chéng de jiā tíng　zài fèng huáng zuò fù jìn
则星系组成的家庭，在凤凰座附近。

▲ NGC4449 星系

25

银河系

天上有条"银丝带"，就是银河系，地球跟太阳都在这个星系上。它从侧面看像一个中间略鼓的大圆盘，圆盘四周包围着很大的圆晕，圆晕中散布着恒星跟星团。银河系很大很大，有两亿多颗恒星。

▲ 银河系

外貌

银河系从侧面看好似一个大银盘，有旋涡结构、一个银心和四个对称旋臂。太阳就在它的猎户臂上。

家庭成员

银河系的大家庭很热闹，里面有数以亿计的恒星、星云、星团，还有星际气体和星际尘埃。

🔹 结构

yín hé xì yóu hé qiú luó xuán bì hé yín yùn zǔ chéng
银河系由核球、螺旋臂和银晕组成，

qí zhōng hé qiú jiù shì yín xīn luó xuán bì yǒu liè hù bì tiān
其中核球就是银心，螺旋臂有猎户臂、天

é bì yīng xiān bì rén mǎ bì yín yùn jiù shì yín miǎn
鹅臂、英仙臂、人马臂，银晕就是银冕。

🎓 **小档案**

银河系在未来的时间里会把它的"小邻居"吃掉。

人马臂
猎户臂
英仙臂

🔸 旋臂由炙热、发着蓝光的年轻恒星组成，非常明亮。

🔹 银盘

yín pán shì yóu héng xīng qì tǐ hái yǒu chén āi zǔ
银盘是由恒星、气体还有尘埃组

chéng de biǎn píng pán jù yǒu xuán wō jié gòu tài yáng jiù
成的扁平盘，具有旋涡结构，太阳就

wèi yú yín pán nèi
位于银盘内。

▶ 银河系中心的疏散星团质量非常大，密度也很高，
是一个年轻星团，年龄估计不会超过400万年。

河外星系

在浩瀚的宇宙中，像银河那样的星系数以亿计，天文学上把除银河系以外的其他星系称为河外星系。我们能观测到的河外星系有10多亿个。因为它们在宇宙中像辽阔海洋中的岛屿，所以又叫"宇宙岛"。

宇宙岛的发现

19世纪的天文学家希望找到容纳大量恒星的宇宙岛，但因为技术和知识的限制没有找到。到了20世纪，人们终于发现了河外星系。

▶ 质量最大的超巨型椭圆星系可能是宇宙中最大的恒星系统。

▲ 星系是由千百亿颗恒星以及分布在它们之间的星际气体、宇宙尘埃等物质构成的天体系统。

著名星系

最著名的河外星系有仙女座星系、猎犬座星系、大麦哲伦星系、小麦哲伦星系和室女座星系等。

和星云的误会

人们曾一度把河外星系和星云当作同一种天体，因为它看起来是一片雾气，跟星云简直一样，当然今天我们知道它们完全是两码事。

演化

在宇宙空间中，星系分布在各个方向上都差不多一样，分布得十分均匀，但是从小区域看，星系的分布又是不均匀的。

小档案

星系质量一般在太阳质量的 100 万~10 000 亿倍之间。

↓ 成团集聚的星系

仙女座星系

在河外星系中，有一个明星星系叫仙女座星系，它因位于仙女座而出名，是一个巨大的旋涡星系，是北半球用肉眼可见的最亮的离地球最近的星系。

结构

仙女座星系有核、旋臂、星系盘和星系晕，包含了3 000多亿颗恒星，还有星云和暗黑区域，变星、星团和新星等。

仙女座星系

有趣的仙女座星系

仙女座河外星系跟河外星系M32以及NGC205构成了"仙女座三重星系"，这个三重星系又和银河系、三角星系、大小麦哲伦星系构成了"星系群"。

仙女座河外星系

xiān nǚ zuò xīng xì wèi yú xiān
仙女座星系位于仙
nǚ zuò xīng fù jìn zhí jìng yuē wéi
女座γ星附近，直径约为
wàn guāng nián ròu yǎn kě yǐ zhí
16万光年，肉眼可以直
jiē kàn dào yí gè diǎn
接看到一个点。

小档案

仙女座星系是一个非常典型的旋涡星系，在它明亮的星系核外面有长长的旋臂。

碰撞

xiān nǚ zuò xīng xì shù shí yì nián hòu huì yǔ yín hé xì xiāng yù bìng
仙女座星系数十亿年后会与银河系相遇，并
fā shēng pèng zhuàng bú guò zhè zhǒng qíng kuàng lí wǒ men hái hěn yáo yuǎn
发生碰撞，不过这种情况离我们还很遥远。

仙女座的"之最"

xiān nǚ zuò xīng xì shì qiū yè xīng kōng zuì měi lì de tiān tǐ yě shì dì yī gè bèi zhèng míng shì hé
仙女座星系是秋夜星空最美丽的天体，也是第一个被证明是河
wài xīng xì de tiān tǐ shì yòng ròu yǎn kě yǐ kàn jiàn de zuì yáo yuǎn de tiān tǐ
外星系的天体，是用肉眼可以看见的最遥远的天体。

星空中的仙女座星系非常美丽。

星系之最

宇宙中有许多星系，它们千姿百态，呈现出不同的面貌。这些星系在各个方面都有一个"第一名"，最大的、最小的、最远的、最近的、最亮的、最暗的……你不让我，我不让你，下面我们就来一一列举吧。

最近的星系

离太阳最近的星系是比邻星系，它与银河系内的球状星团大小差不多，离太阳只有55光年的距离。离银河系最近的是麦哲伦云星系。

最远的星系

离地球最远的星系Abell1835IR1916星系，距离地球约132亿光年。

→ 这是利用重力透镜效应捕捉到的一个原始星系图像。

最大的星系

mù qián zuì dà de xīng xì shì dé guó
目前最大的星系是德国
tiān wén xué jiā fā xiàn de   xīng xì
天文学家发现的 3C345 星系,
tā bǐ yín hé xì yào dà hǎo duō bèi
它比银河系要大好多倍。

质量"称冠"的星系

xīng xì shì mù qián zhì liàng zuì
M87 星系是目前质量最
dà de xīng xì   yǒu   wàn yì gè tài
大的星系,有 27 万亿个太
yáng nà me dà de zhì liàng shǔ yú tuǒ yuán
阳那么大的质量,属于椭圆
xīng xì   tā de nèi bù hěn bù píng jìng
星系。它的内部很不平静,
yǒu jù liè de wù zhì pāo shè
有剧烈的物质抛射。

最暗的星系

zuì àn de xīng xì shì mó jié zuò nèi de
最暗的星系是摩羯座内的
yí gè xiǎo xīng xì   tā de zhěng gè xīng xì
一个小星系,它的整个星系
suǒ fā chū de guāng dà yuē zhǐ yǔ liè hù zuò
所发出的光大约只与猎户座
de yì kē héng xīng xiāng dāng   zhè shì duō me
的一颗恒星相当,这是多么
kě lián ā
可怜啊。

→ 银河系

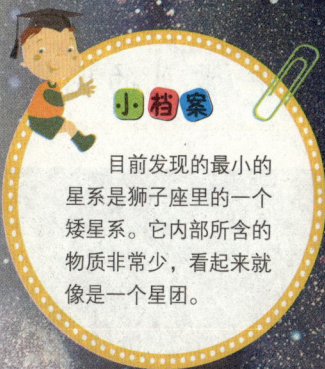

小档案

目前发现的最小的
星系是狮子座里的一个
矮星系。它内部所含的
物质非常少,看起来就
像是一个星团。

最亮的星系

zuì liàng xīng xì de guāng dù shì
最亮星系的光度是
tài yáng de   yì bèi rú guǒ
太阳的 3 700 亿倍,如果
yǒu rén yǒu shén tōng bǎ zhè ge xīng xì
有人有神通把这个星系
bān qiān dào lí wǒ men   guāng nián
搬迁到离我们 32.6 光年
de dì fāng   nà dào shí hòu dì qiú
的地方,那到时候地球
shàng jiāng bú huì zài yǒu hēi yè
上将不会再有黑夜。

星系的碰撞

大家会认为星系的大家庭里很稳定，很团结，其实不是那样的。星系之间时不时会闹些小矛盾，发生些"小摩擦"，出现一些碰撞，跟星球碰撞一样，这是星系演变过程中常见的现象。

碰撞的结果

当两个星系碰撞后，其中的一个没有力气让自己继续运行下去，就会"坠"向对方，最终合并成一个星系。

碰撞的产物

星系就像一个个"恒星制造机"，碰撞之后不只是有毁灭，还有新生，会有新的恒星诞生。

星系碰撞

碰撞导致黑洞转向

fā shēng pèng zhuàng shí，zuì huó yuè de xuán wō huì yǐ kě
发生碰撞时，最活跃的旋涡会以可
pà de sù dù yùn zhuǎn zhe tūn shì qì tǐ hé héng xīng，tā xī rù
怕的速度运转着吞噬气体和恒星，它吸入
de wù zhì zài xuán zhuǎn shí xíng chéng pán zhuàng wù，néng shǐ hēi dòng
的物质在旋转时形成盘状物，能使黑洞
fā shēng zhuǎn xiàng
发生转向。

小档案

星系碰撞时剩余的恒星会组成一个新的星系团。

碰撞奇观

yǔ zhòu zhōng sì gè jù dà de xīng xì céng fā shēng guò
宇宙中四个巨大的星系曾发生过
pèng zhuàng bìng hé bìng chéng zhì jīn wéi zhǐ guān cè dào de zuì
碰撞，并合并成至今为止观测到的最
dà guī mó de xīng xì，tā de zhì liàng dà xiǎo yuē wéi yín
大规模的星系，它的质量大小约为银
hé xì de 10 bèi
河系的10倍。

◄ 星系相撞形成的弥漫星云。

老鼠星系

liǎng gè luó xuán xīng xì xiāng zhuàng zài yì qǐ，chuàng zào le lǎo shǔ xīng xì。lǎo shǔ xīng xì hái méi yǒu
两个螺旋星系相撞在一起，创造了老鼠星系。老鼠星系还没有
wán quán jiē chù zài yì qǐ，tā men hái yào hù xiāng huán rào yùn dòng xǔ duō nián cái néng róng hé wéi yí gè gèng
完全接触在一起，它们还要互相环绕运动许多年才能融合为一个更
jiā páng dà de xīng xì
加庞大的星系。

▼ 正在形成的老鼠星系

古怪的星系

所谓宇宙之大，无奇不有，有的星系很"安分"，但是有的星系就很奇怪。从外表来看，它们"长"的就和其他星系不一样，而且它们还有很多其他地方和正常的星系不一样。

蝌蚪星系

很久以前，一个小星系从天龙星座里一个庞大的棒旋星系旁边以很高的速度经过，于是就在这个棒旋星系身后留下了长长的尾迹，构成了蝌蚪星系。

正在瓦解的星系

在距离我们地球 1 000 万光年远的地方有一个编号为 NGC 2366 的不规则星系，它开始从中间断裂开，正在瓦解。

▶宏伟的阔边帽星系很像一顶帽子，它正好侧对着我们，除了中心众多的亮星外，还有一条显著的暗色带子穿过星系盘的中心。

◆ 天线星系

很久以前，有两个星系相互吸引结合成为一个新的大星系，但它们还在经过的路上抛撒了大量的物质，所以现在这个星系看起来像是一个天线。

小档案

M82 星系因为像一个正在燃烧的雪茄，因此被称为雪茄星系。

◆ 不明显的星系核

这些古怪的星系大多没有明显的星系核。由于它们内部的物质分布比较均匀，因此很难分清楚它们的星系核心在哪里。

旋臂

星系核是星系的中心部分，一般具有高密度的星体和气体，以及一个超大质量的黑洞。

星系团

在遥远的银河星系外，有上千亿个星系，但是它们不是孤立地存在宇宙之中，它们也会成帮结派，聚集起来形成一个集团。这些集团大小不一，在星系、气体和暗物质的吸引下形成"帮派"，这就是星系团。

"富"星系团

在宇宙太空中，有的星系团成员比较多，被称为"富"星系团。它们的成员有上千个。

星系群

星系群成员较少，由不超过100个的星系团组成，有的星系群就是由银河系等40个左右大小不一的星系组成的。

➤ 后发座星系团至少含1 000个亮星系。

分类

xīng xì tuán àn xíng tài kě yǐ
星系团按形态可以
fēn wéi guī zé xīng xì tuán hé bù guī
分为规则星系团和不规
zé xīng xì tuán　bù guī zé xīng xì
则星系团。不规则星系
tuán de chéngyuán bǐ guī zé xīng xì tuán
团的成员比规则星系团
de chéngyuán duō
的成员多。

小档案

星系团是十几个、
几十个、乃至上千个星
系组成的星系集团。

→ 哈勃太空望远镜拍摄的大熊座
星系群，距离地球 100 多亿光年。

规则星系团

guī zé xīng xì tuán yòu jiào qiú zhuàngxīng xì
规则星系团又叫球状星系
tuán　　tā yǒu duì chèn de wài xíng hé gāo dù mì jí
团，它有对称的外形和高度密集
de zhōng xīn　　tuán nèi yǒu jǐ qiān gè chéngyuánxīng
的中心，团内有几千个成员星
xì dōu shì tuǒ yuánxīng xì huò tòu jìng xíngxīng xì
系，都是椭圆星系或透镜型星系。

不规则星系团

bù guī zé xīng xì tuán yòu jiào shū sàn
不规则星系团又叫疏散
xīng xì tuán　　tā men jié gòusōngsàn　méi
星系团，它们结构松散，没
yǒu yí dìng de xíngzhuàng　méi yǒu jí zhōng
有一定的形状，没有集中
qū　bǐ rú wǔ xiǎn zuò xīng xì tuán
区，比如武仙座星系团。

→ 阿贝尔 2218 星系团

39

多重星系

星系里，有的星系还会"拉帮结队"组成多重星系。多重星系是由3到10个有关系的星系组成的集团，在万有引力的作用下，多重星系内部的各个星系最终会融合成为一个庞大的星系。

三重星系

银河系和大麦哲伦云、小麦哲伦云共同组成了一个三重星系，但这只是三重星系中的一个，宇宙中还有别的三重星系。

狮子座三重星系

M66和它的邻居M65、NGC3628一起组成了最著名的三重星系——狮子座星系，又叫作M66星系群。狮子座星系距离我们约3 500万光年。

← 孔雀座三重星系

强大的 M66 星系

M66 比它的邻居 M65 要大得多，它拥有一个发育良好但却轮廓模糊的中心核球，它的旋臂是扭曲的，可以看到大量尘埃，在其中一条旋臂的末端还能看见一些粉红色星云。

◀ 仙女座及其伴星系

小档案

在距离地球大约 1.9 亿光年的宇宙空间，有一个叫塞佛特的六重星系。

五重星系

仙女座大星云和它的四个伴星云组成了一个五重星系，它的一个名字叫作"史蒂芬五重奏"。

史蒂芬五重奏

史蒂芬五重奏是被一个叫爱德华·史蒂芬的人发现的，星系群中的五个星系很不老实，总是相互碰撞，会发出冲击波。

▲ 塞佛特六重星系

太阳系

太阳系是一个"人口众多"的大家庭，我们居住的地球就是这个家庭中的一员，太阳则是这个家庭中的"一家之长"。

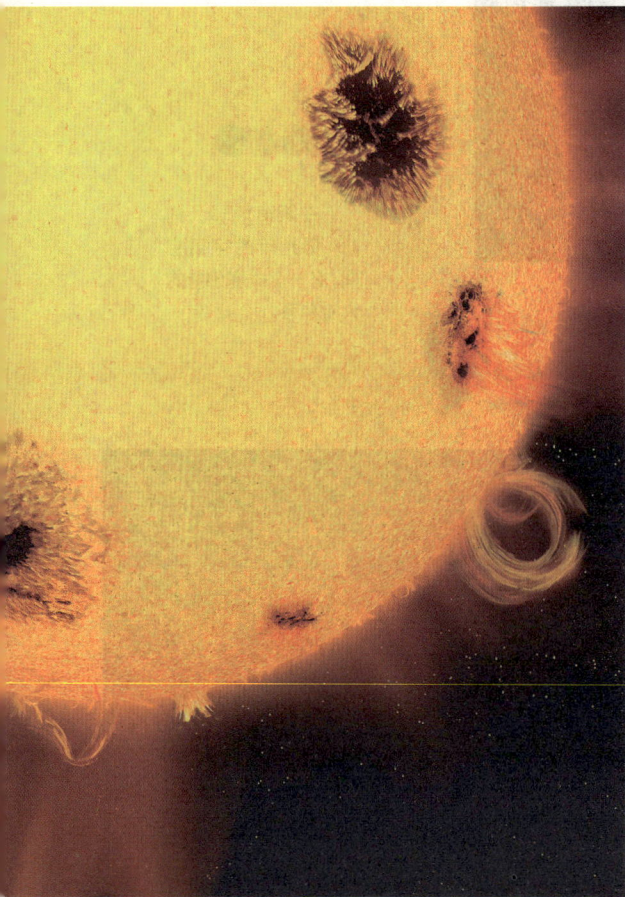

太阳

太阳稳坐在太阳系的中心，把家庭里所有的成员都牢牢地吸引在自己的周围，无私地奉献着光芒和热量。

流浪的星星

太阳系的家族中还有一些特殊的成员——流星和彗星，它们就像是流浪的孩子，在天空中漂泊。

← 我们平常看到的太阳表面，是太阳大气的最底层，温度约是 6 000℃。

八个孩子

tài yáng xì yǒu shuǐ xīng　jīn xīng　dì qiú
太阳系有水星、金星、地球、
huǒ xīng　mù xīng　tǔ xīng　tiān wáng xīng hé hǎi
火星、木星、土星、天王星和海
wáng xīng　kě xíng xīng　tā men jiù xiàng tài yáng de bā
王星8颗行星，它们就像太阳的八
gè hái zi　wéi zài mǔ qīn de shēn biān
个孩子，围在母亲的身边。

小档案

如果从地球步行到太阳，每小时走5千米，需要花3 500年的时间。

太阳系八大行星

距离

tài yáng lí wǒ men dì qiú de píng jūn jù lí wéi　yì qiān mǐ　tiān wén xué jiā bǎ zhè ge rì dì
太阳离我们地球的平均距离为1.5亿千米，天文学家把这个日地
jù lí guī dìng wéi yí gè tiān wén dān wèi　tā jiù xiàng yì bǎ cè liáng yǔ zhòuzhōng qí tā tiān tǐ zhī jiān de
距离规定为一个天文单位，它就像一把测量宇宙中其他天体之间的
chǐ zi　kě yǐ yòng lái cè liáng yǔ zhòuzhōng qí tā tiān tǐ zhī jiān de jù lí
尺子，可以用来测量宇宙中其他天体之间的距离。

太阳

太阳是太阳系中最大的天体，它的直径约为139万千米，是地球的109倍，体积是地球的130万倍，质量为地球的33万倍。

大火球

太阳源源不断地发出光和热，有人把太阳看作是一个熊熊燃烧的"大火球"。根据计算，太阳已经燃烧了50亿年，还可以再燃烧50亿年。

普通的恒星

太阳虽然是太阳系中的至尊，但是在浩瀚的宇宙中，它只不过是一颗极其普通的恒星。在恒星中，太阳只能算是中等的个子，有的恒星要比它大上亿倍。

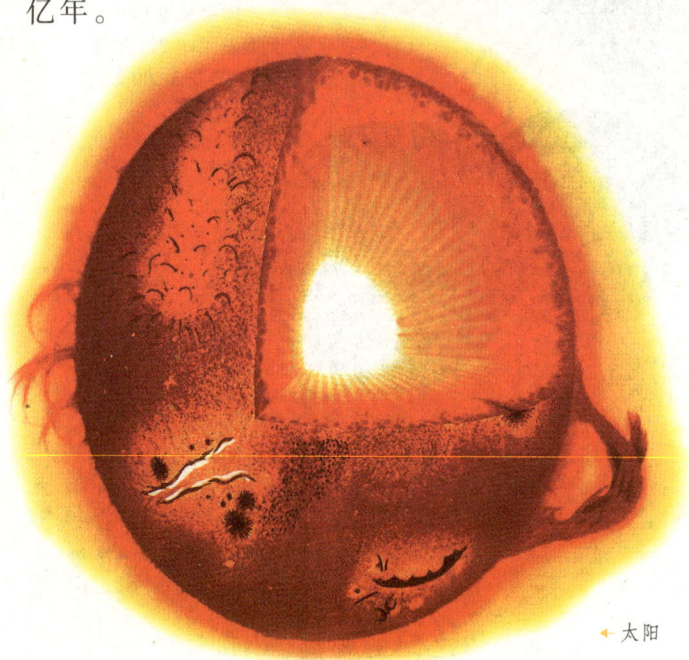

← 太阳

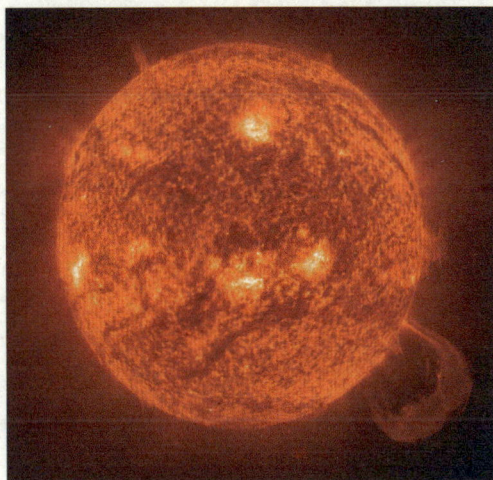
日饵

🚀 地球的母亲

tài yáng bú duàn de shì fàng jù dà de
太阳不断地释放巨大的
néng liàng tā de guāng hé rè bǔ yù zhe
能量，它的光和热哺育着
dì qiú shàng wàn wù de shēng zhǎng rú guǒ méi
地球上万物的生长，如果没
yǒu le tài yáng wǒ men dì qiú shang de yí qiè shēng
有了太阳，我们地球上的一切生
mìng jiāng bú fù cún zài dì qiú shang de yí qiè xiàn
命将不复存在，地球上的一切现
xiàng dōu shì yǔ tài yáng xī xī xiāng guān de tài yáng
象都是与太阳息息相关的，太阳
shì dì qiú yī lài zhe de mǔ qīn
是地球依赖着的"母亲"。

小档案

太阳像一位慈爱
的"家长"，用它的光和
热温暖着太阳系的每
一个成员。

→ 太阳表面是不平静的，无
时无刻不在发生着剧烈活动，
如太阳黑子、耀斑、日冕等。

45

行星

行星，顾名思义是能够"行走"的星星，它总是绕着恒星运行。行星通常都需要有一定的质量，这样它自身的引力才能和自转速度达到平衡，使它成为圆球状。

形成原因

关于行星的成因，过去认为是由太阳系形成初期，散布在太阳周围的物质碎片形成的。但最新研究发现，行星可能是黑洞的产物。

小档案

20世纪末人类在外星系统中也发现了行星，现在已有近百颗太阳系外的行星被确定。

◀ 类木行星

行星的分类

为了区分行星的性质，天文学家把八大行星大致分为两类，一类为类地行星，包括水星、金星、地球和火星；另一类为类木行星，包括木星、土星、天王星和海王星。

类地行星（又称"岩质行星"）：即水星、金星、地球和火星，表面是岩石固体。

类地行星

类地行星由紧密的岩石物质构成，表面坚硬。这类行星自形成以来经历了很大的变化，原来气体层中较轻的气体散逸了，形成了大气层。

巨行星——土星和木星

巨行星

土星和木星被称为巨行星。木星的直径大约相当于地球的11倍，土星的直径也比地球大9倍多。不过它们的质量并没有相应增加，所以它们的密度要比地球小得多。

水　星

tīng dào shuǐ xīng　　dà jiā shì bú shì jiù huì xiǎng tā shì yì kē chōng mǎn le shuǐ
听到水星，大家是不是就会想它是一颗充满了水
de xīng tǐ　　qí shí　　tā bìng bù shì yì kē yǒu shuǐ de xīng qiú　　zài gǔ dài
的星体？其实，它并不是一颗有水的星球。在古代
shuǐ xīng bèi chēng wéi chén xīng　　shì tài yáng xì zhōng de lèi dì xíng xīng　　shuǐ xīng de mì dù
水星被称为辰星，是太阳系中的类地行星。水星的密度
jiào gāo　　yóu shí zhì hé tiě zhì gòu chéng
较高，由石质和铁质构成。

表面形貌

shuǐ xīng biǎo miàn hěn xiàng yuè qiú　　shòu dào zhuàng jī zhī hòu dào chù kēng kēng wā wā　　xíng chéng pén dì
水星表面很像月球，受到撞击之后到处坑坑洼洼，形成盆地，
zhōu wéi yóu shān mài wéi rào　　zài tā de yǎn biàn guò chéng zhōng hái xíng chéng le zhě zhòu　　shān jǐ hé liè fèng
周围由山脉围绕。在它的演变过程中还形成了褶皱、山脊和裂缝，
xiāng hù jiāo cuò
相互交错。

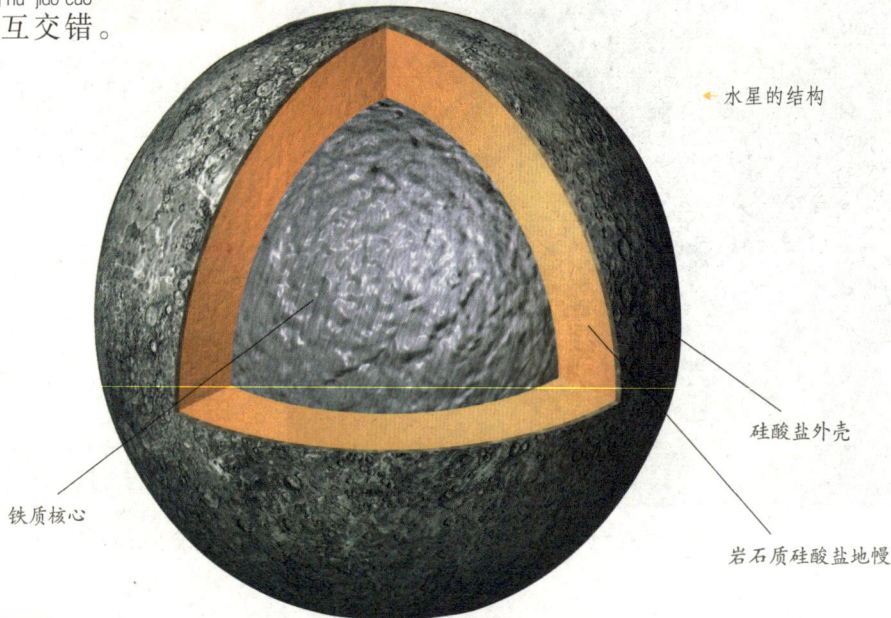

水星的结构

硅酸盐外壳

岩石质硅酸盐地幔

铁质核心

水星温度

shuǐ xīng biǎomiàn zuì gāo wēn dù kě dá yuē　　　　zuì dī
水星表面最高温度可达约 430℃，最低

wēn dù kě dá　　　shì míng fù qí shí de bīng huǒ liǎng chóng tiān
温度可达-180℃，是名副其实的冰火两重天。

水星表面

小档案

水星有一个小型磁场，磁场强度约为地球的百分之一。

地质构造

shuǐ xīng shì yóu dì qiào　jié pí　hé xīn gòu chéng de
水星是由地壳、结皮、核心构成的，

tā de wài ké shì yóu guī suān yán gòu chéng de　hé xīn shì yí gè
它的外壳是由硅酸盐构成的，核心是一个

tiě zhì nèi hé
铁质内核。

大气环境

shuǐ xīng shang zhǐ yǒu wēi liàng de dà qì　zhǔ yào chéng fèn wéi hài
水星上只有微量的大气，主要成分为氦、

qì huà nà hé yǎng　shuǐ xīng shang bái tiān de qì wēn fēi cháng gāo　suǒ yǐ
汽化钠和氧。水星上白天的气温非常高，所以

bù kě néng cún zài shuǐ
不可能存在水。

水星之最

zài tài yáng xì de bā dà xíng xīng lǐ　shuǐ
在太阳系的八大行星里，水

xīng huò dé le hǎo jǐ gè　zuì　de jì lù　lí
星获得了好几个"最"的记录：离

tài yáng zuì jìn　guǐ dào sù dù zuì kuài　gōng zhuàn
太阳最近，轨道速度最快，公转

zhōu qī zuì duǎn　biǎomiàn wēn chā zuì dà　wèi xīng
周期最短，表面温差最大，卫星

zuì shǎo　shuǐ xīng　nián　shí jiān zuì duǎn　rì
最少，水星"年"时间最短，"日"

shí jiān zuì cháng　zuì xiǎo de xíng xīng
时间最长，最小的行星。

水星凌日奇观

49

金 星

在八大行星中，金星是最爱害羞的，它总是蒙着面纱，离地球最近。金星在夜空中的亮度仅次于月球，总是在日出前或是日落后才能达到最大亮度。金星总在黎明前出现在东方天空，所以被称为"启明星"。

本来面目

金星周围有浓密的大气和云层，为金星表面罩上了一层神秘的面纱。金星跟地球结构上有很多相似之处，绕太阳公转的轨道是一个接近正圆的椭圆形。

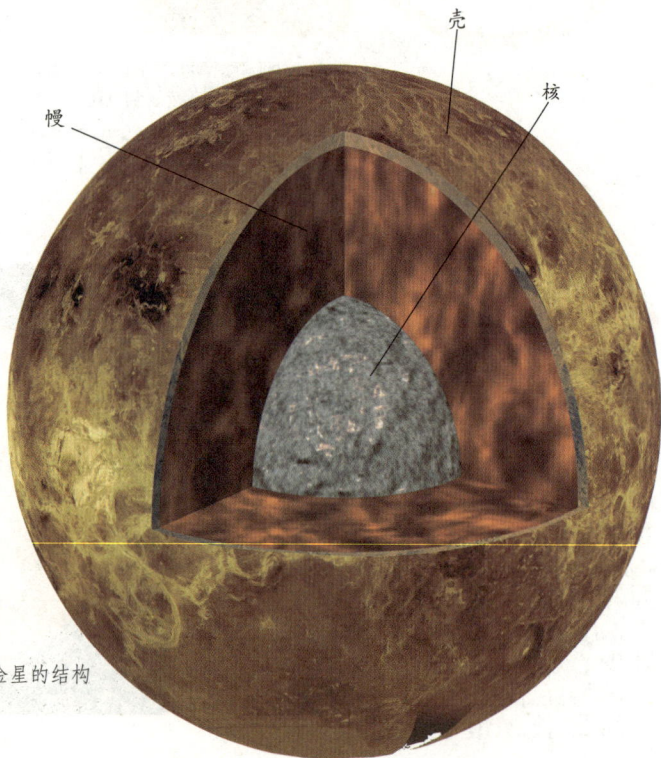

壳

核

幔

▶ 金星的结构

地形地貌

jīn xīng biǎomiàn de dà píngyuánshangyǒu liǎng gè dà lù zhuànggāo dì   běi biān de gāo dì jiào yī shī tǎ

金星表面的大平原上有两个大陆状高地，北边的高地叫伊师塔

dì   nán biān de shì ā fú luó dí dì dì

地，南边的是阿芙罗狄蒂地。

大气环境

jīn xīng de tiānkōng shì chéng sè de   dà qì zhǔ yào

金星的天空是橙色的，大气主要

yóu èr yǎnghuà tàn zǔ chéng   jīn xīngshàng de dà qì yā qiáng

由二氧化碳组成。金星上的大气压强

fēi cháng dà   shì dì qiú de   bèi

非常大，是地球的90倍。

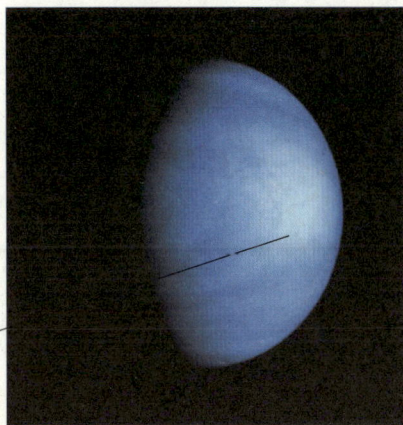

金星上的云

小档案

在金星上有10万个小型盾状的火山，它们的分布很零散。

地质结构

jīn xīng de nèi bù jié gòu hé dì qiú xiāng sì   yǒu yí gè

金星的内部结构和地球相似，有一个

tiě niè hé zhōngjiān shì yóu guī yǎng tiě měi zǔ chéng

铁—镍核，中间是由硅、氧、铁、镁组成

de màn   wài miàn yì céngzhǔ yào shì yóu guī huà hé wù zǔ chéng

的"幔"，外面一层主要是由硅化合物组成

de hěn báo de   ké

的很薄的"壳"。

金星运转

jīn xīng de zì zhuǎnfāngxiànggēn qí tā xíng xīngxiāngfǎn   shì zì

金星的自转方向跟其他行星相反，是自

dōngxiàng xī   suǒ yǐ zài jīn xīngshangkàn tài yáng shì xī shēngdōng luò

东向西，所以在金星上看太阳是西升东落。

▲ 金星   ▼ 金星上的大山

火星

在太阳系的家庭里，有一个脾气很火爆的家伙，它就是火星。火星是太阳系第七大行星，属于类地行星，直径是地球的一半，在西方被称为战神玛尔斯，中国称为"荧惑"，有一个橘红色的外表。

大气环境

火星的大气密度只有地球的百分之一，非常干燥，温度低，平均温度在零下55℃左右，水跟二氧化碳容易结冰，部分地球生物可以生存。

小型固体铁核

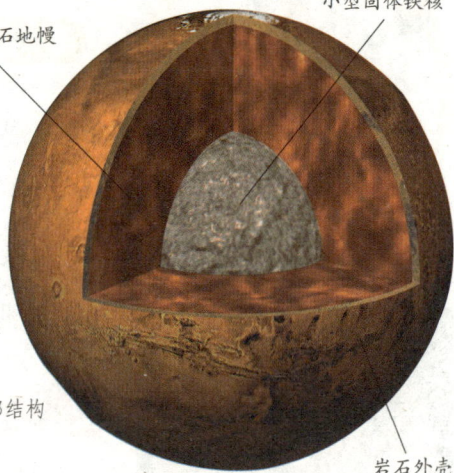

硅酸盐岩石地幔

➤火星的内部结构

岩石外壳

大气结构

火星大气分为低层大气、中层大气、高层大气和散逸层。

地质结构

huǒ xīng zhōng xīn yǒu yǐ tiě wéi zhǔ yào chéng fèn
火星中心有以铁为主要成分
de hé　　wài céng bāo zhe yì céng guī suān yán dì màn
的核，外层包着一层硅酸盐地幔，
biǎo miàn zé wéi hán yǒu yán shí de dì qiào
表面则为含有岩石的地壳。

火星和它的两颗卫星

地形地貌

huǒ xīng hé dì qiú yí yàng dì xíng duō
火星和地球一样地形多
yàng　yǒu gāo shān píng yuán hé xiá gǔ děng
样，有高山、平原和峡谷等。
huǒ xīng nán běi bàn qiú de dì xíng yǒu zhe qiáng
火星南北半球的地形有着强
liè duì bǐ　　běi fāng shì píng yuán nán fāng
烈对比：北方是平原，南方
shì gǔ lǎo gāo dì　liǎng zhě zhī jiān bèi yī
是古老高地，两者之间被一
duàn xié pō fēn gé
段斜坡分隔。

2003 年 8 月 27 日，哈勃望远镜拍摄的火星图片。

到地球的距离

huǒ xīng dào dì qiú de jù lí zuì jìn wéi　　　wàn qiān
火星到地球的距离最近为 5 500 万千
mǐ　zuì yuǎn wéi　yì qiān mǐ　liǎng zhě zhī jiān de jìn jù lí
米，最远为 4 亿千米。两者之间的近距离
jiē chù dà yuē　nián chū xiàn yí cì
接触大约 15 年出现一次。

火星表面

小档案

火星上有明显的
四季变化，但季节持续
的时间比地球长。

木 星

在 天空中只有一个太阳，可是太阳也会有消亡的一天，没有了太阳我们就没有了光和热，没办法生存。不用担心，在科学家的努力下发现了未来的第二个太阳，那就是木星。

地形外观

木星表面有红、褐、白等五彩缤纷的条纹图案，最大特点就是南半球的大红斑，呈圆形旋涡状。

木星

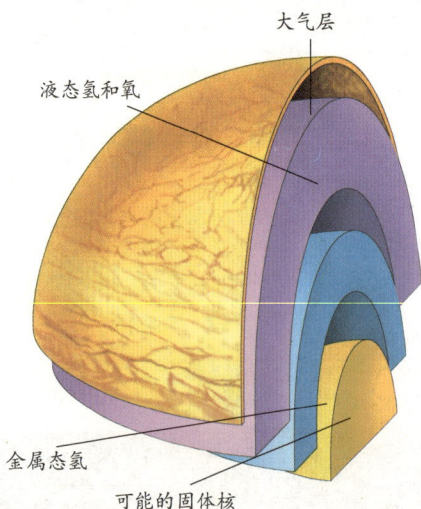

大气层

液态氢和氧

金属态氢

可能的固体核

← 木星的结构

释放的能量

木星正在向宇宙释放着巨大能量，内部存在热源，释放能量的来源一般来自于它本身。一旦发生热核反应，它就充当了释放核能的"发射器"。

木星大红斑

大红斑

在木星上有一个大红斑,它是位于木星赤道南侧,长达2万多千米、宽约1万千米的红色卵形区域。

石质的内核

木星有一个石质的内核,以液态氢的形式存在,使它成了木星磁场的电子指挥者与根源,温度高达20 000℃。

木星的环

木星光环

木星光环比较暗,形状像个薄圆盘,由许多岩石材料组成,又小又微弱。光环分为内环和外环,内环较暗,外环较亮。

土星

在太阳系中，有一个特别爱臭美的行星，大家猜猜它是谁？对了，它就是土星，特别爱漂亮，有一个明显的光环环绕着它。它与木星、天王星和海王星同属气体巨星，在古代被称为镇星或填星。

外貌

土星与邻居木星十分相像，表面是氢和氦的海洋，上面覆盖着厚厚的云层。土星的光环最惹人注目，它使土星看上去像戴着一顶漂亮的大草帽。

小档案

土星的体积很庞大，密度很小，是比水还轻的一颗行星。

美丽的光环

土星光环

土星光环位于土星的赤道面上，是由碎冰块、岩石块、尘埃、颗粒等物质组成的，在阳光照射下显得色彩斑斓。

结构构成

tǔ xīng yǒu yí gè yán shí gòu
土星有一个岩石构

chéng de hé xīn　hé de wài wéi shì
成的核心，核的外围是

bīng céng hé jīn shǔ qīng zǔ chéng de ké
冰层和金属氢组成的壳

céng　zài wǎng wài jiù shì yǐ qīng
层，再往外就是以氢、

hài wéi zhǔ de dà qì
氦为主的大气。

土星的密度比水小

1 月 28 日

1 月 24 日

1 月 26 日

☝哈勃望远镜2004年1月拍摄的土星极光。

大气环境

tǔ xīng dà qì yǐ qīng　hài wéi
土星大气以氢、氦为

zhǔ　bìng hán yǒu jiǎ wán hé qí tā qì
主，并含有甲烷和其他气

tǐ　dà qì zhōng piāo fú zhe yóu chóu mì
体，大气中漂浮着由稠密

de ān jīng tǐ zǔ chéng de yún
的氨晶体组成的云。

著名的白斑

tǔ xīng yǒu shí hou huì chū xiàn bái bān　zhùmíng
土星有时候会出现白斑，著名

de bái bān shì　nián fā xiàn de　tā chū xiàn zài
的白斑是1933年发现的，它出现在

chì dào qū　chéng dàn xíng　zhī hòu jiù bú duàn kuò
赤道区，呈蛋形，之后就不断扩

dà　jǐ hū màn yán dàozhèng gè tǔ xīngbiǎomiàn
大，几乎蔓延到整个土星表面。

☝土星

天王星

天王星是一颗很"懒惰"的行星，它"躺"着绕太阳运行，也有人把它称作"一个颠倒的行星世界"。它是太阳系第三大行星，体积比海王星大，质量却比其小。

颜色

天王星是蓝色的，因为它的外层大气层中的甲烷吸收了红光。天王星也有像木星那样的彩带，但被甲烷层覆盖住了。

小档案

天王星的内部温度很低，以至于不能放出过多的热量。

组成

天王星基本上是由岩石和各种各样的冰组成的，仅含15%的氢和一些氦；它的大气层含有83%的氢、15%的氦和2%的甲烷。

▸ 地球和天王星大小的比较。

天王星上的海洋

天王星上有一个液态海洋，深度达 10 000 千米、温度达 6 650℃，由水、镁、含氮分子、碳氢化合物及离子化物质组成。

→ 天王星

行星环

天王星有一个暗淡的行星环系统，由黑暗粒状物组成。已知的天王星环有 13 个圆环。

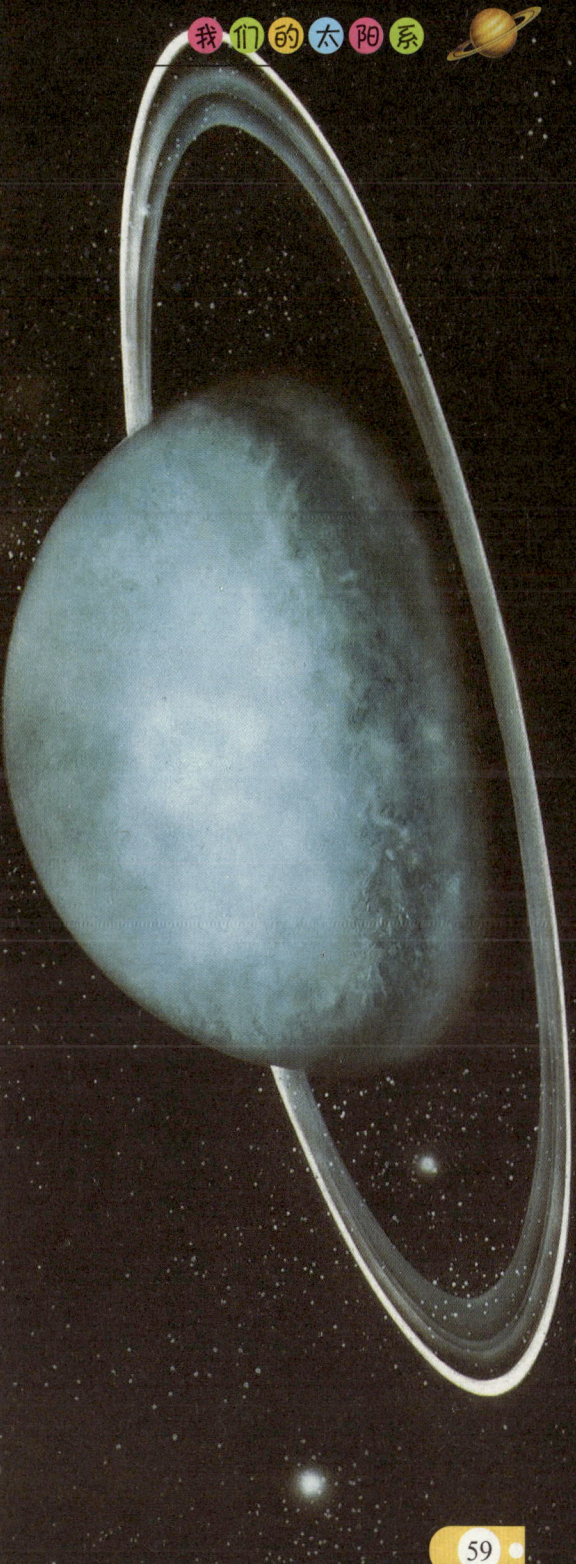

→ 天王星的光环

磁场

天王星的磁场不在行星的中心，磁极从中心往南极偏移了行星半径的 1/3，磁层也是不对称的，两极的磁场强度大约相等。

海王星

在太阳系中有一颗漂亮的行星，远远望去就像个"蓝精灵"一样，它就是海王星，外观呈蓝色。它是距离太阳最远的一颗行星，体积是太阳系第四大，质量排名第三。

▼ 海王星的结构

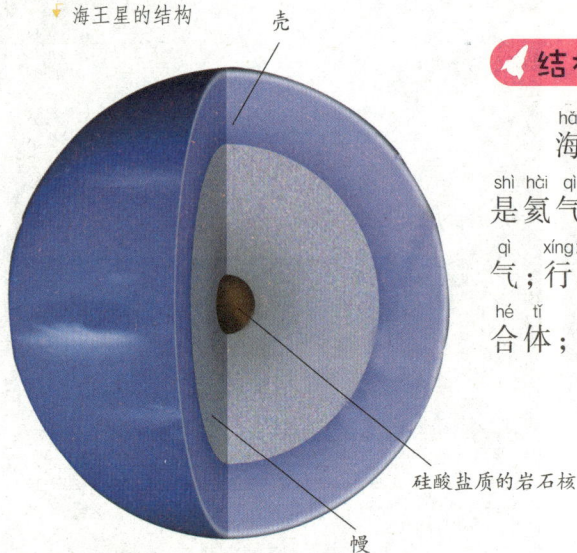

壳

硅酸盐质的岩石核

幔

结构

海王星大气层85%是氢气，13%是氦气，2%是甲烷，还有少量的氨气；行星核是由岩石和冰构成的混合体；地幔富含水、氨和甲烷。

大黑斑的位置

海王星的大黑斑位于行星的南半球，在南纬22度，是一个蛋形旋涡，每18.3小时绕海王星一圈。

旅行者2号拍摄到的大黑斑

行星环

这颗蓝色行星有着暗淡的天蓝色光环,光环数有5条。

目前天文学家确认海王星有五条光环,里面的三条比较模糊,外面的两条比较明亮,而且比里面的环更完整。

小档案

海王星是以希腊神话中的海神波塞冬的名字命名的,他是天王宙斯的哥哥。

卫星

→ 海王星

海王星有13颗已知的天然卫星,只有海卫一质量足够大能成为球体,海卫二的形状是不规则的。海卫一的运行轨道是逆行的。

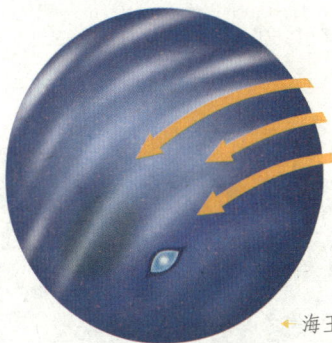

风暴

海王星的风暴是太阳系类木行星中最强的。在海王星上太阳能过于微弱,一旦开始刮风,就能保持极高的速度。

◄ 海王星是太阳系中风力最强的一个行星。

被降级的冥王星

冥王星的命运很坎坷，它是一个被"降级"的行星，曾经是太阳系九大行星之一，现在被降级为了矮行星。冥王星距离太阳最远，表面温度在−220℃以下，表面有一层固态甲烷冰。

独特之处

冥王星的赤道面与轨道面几乎成直角；轨道有时候十分反常，会比海王星离太阳更近。

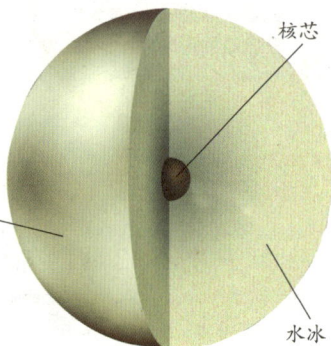

1977年的探测发现冥王星表面是冰冻的甲烷。

核芯

水冰

▲ 冥王星的结构

未知数最多的"行星"

冥王星从被发现到现在只有60多年，再加上又小又远，是目前面目最模糊的一颗，它的星体温度、直径等好多都是未知的。

▼ 冥王星表面

↑ 新地平线号在冥王星上

卫星系统

mù qián míng wáng xīng yǒu
目前冥王星有 4

kē yǐ zhī wèi xīng míng wèi yī
颗已知卫星：冥卫一、

míng wèi èr míng wèi sān míng
冥卫二、冥卫三、冥

wèi sì qí zhōng míng wèi yī shì
卫四。其中冥卫一是

zhè sì kē wèi xīng zhōng zuì dà de
这四颗卫星中最大的。

小档案

冥王星很"神秘"，
到目前还不能被科学
家看到它的全貌。

列为矮行星

nián yuè rì míng wáng xīng jīng bù
2006 年 8 月 24 日，冥王星经布

lā gé huì yì tǎo lùn cóng jiǔ dà xíng xīng háng liè zhōng
拉格会议讨论，从九大行星行列中

pái chú zhèng shì jiàng gé wéi ǎi xíng xīng
排除，正式降格为矮行星。

↑ 2006 年 3 月的冥王星

彗星

在太阳系家园里，有一个可爱调皮的小成员，它老爱拖着长长的尾巴划过夜幕，它就是彗星，也被称为"扫帚星"，是由星际间的物质、冰冻物质和尘埃组成，在扁长轨道上运行的小天体。

▲ 彗星都有尾巴

运行轨道

彗星的轨道有椭圆、抛物线、双曲线三种。椭圆轨道运行的彗星叫"周期彗星"，不按椭圆形轨道运行的彗星只是太阳系的过客，又叫非周期彗星。

彗星的结构

彗星物质主要由水、氨、甲烷、氰、氮、二氧化碳等组成，彗核则由凝结成冰的水、二氧化碳、氨和尘埃微粒混杂组成，是个"脏雪球"。

↑ 彗星轨道

运行方向

dà duō shù huì xīng zài tiānkōngzhōngdōu shì yóu xī xiàngdōng
大多数彗星在天空中都是由西向东

yùn xíng de dàn yě yǒu lì wài hā léi huì xīng jiù cóngdōng
运行的，但也有例外，哈雷彗星就从东

xiàng xī yùn xíng
向西运行。

▶ "脏雪球"

哈雷彗星的组成

hā léi huì xīng shì yóu shuǐ ān dàn jiǎ wán yī
哈雷彗星是由水、氨、氮、甲烷、一

yǎnghuà tàn èr yǎnghuà tàn hé bù wán bèi fēn zǐ de zì yóu jī
氧化碳、二氧化碳和不完备分子的自由基

zǔ chéng de
组成的。

▶ 哈雷彗星

小档案

彗星本身是不会发光的，它靠反射太阳光而发亮。

流 星

星体是宇宙中的一些尘埃物质，它们穿过环绕地球的大气层时，同大气摩擦并燃烧，就在天空中留下了一道耀眼的亮光，这就是我们看到的流星。

无数的流星

即使你整个晚上都抬头仰望着夜空，也不一定会看见几颗流星。但是，科学家用高度灵敏的天文望远镜观测统计，发现流星的数目就大大增加，一昼夜进入大气层的流星竟有80亿颗之多。

→ 爆发的流星雨

陨冰

1983年4月11日，一块巨冰从天而降，坠落在江苏省无锡市内，是一块罕见的陨冰。

↑ 美丽的流星

流星雨

zài xīngguāng cuǐ càn de yè wǎn   tiānkōngzhōng bù jǐn chángcháng chū xiàn liú xīng   yǒu shí hái huì chū

在星光璀璨的夜晚，天空中不仅常常出现流星，有时还会出

xiàn yí zhènzhèn de   liú xīng yǔ   liú xīng yǔ shì yóu yú dì qiú zài yùn xíng de guòchéng zhōng yù dào le

现一阵阵的"流星雨"。流星雨是由于地球在运行的过程中遇到了

yí dà qún yǔ zhòuchén āi ér zàochéng de

一大群宇宙尘埃而造成的。

↓ 在地球上看到的流星雨

小行星

小行星是太阳系中类似于行星的运动天体,至今在太阳系中人们已发现约22万颗小行星,其中谷神星最为有名。

谷神星冲日

每年的5月11日前后,都会发生谷神星冲日。到那时,谷神星、地球与太阳呈一条直线,地球位于两者之间,谷神星的亮度会达到最高值。

▼ 小行星

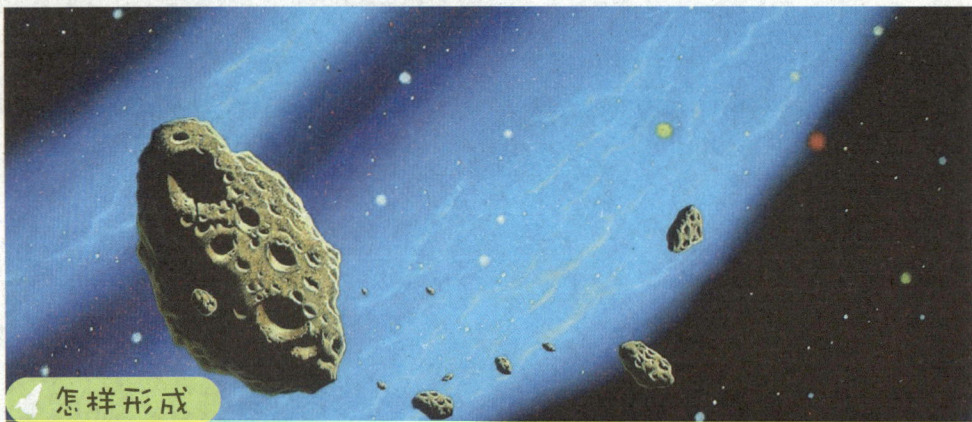

怎样形成

开始,天文学家认为小行星是一颗木星和火星之间的行星破裂而成的,今天,科学家们相信小行星是太阳系形成过程中没有形成行星的残留物质,有些碎片后来落到地球上,成为陨石。

陨星坑

tài yáng xì de dà xíng
太阳系的大行

xīng jí qí wèi xīng de biǎo miàn
星及其卫星的表面

liú xià le xǔ duō bèi xiǎo xíng xīng zhuàng
留下了许多被小行星撞

jī de shāng hén　　yǔn xīng kēng mù
击的伤痕——陨星坑。目

qián zài wǒ men dì qiú shang fā xiàn le
前在我们地球上发现了

duō gè dà yǔn xīng kēng
100 多个大陨星坑。

↑ 小行星

→ 小行星带中的一部分

数字游戏

nián　　yǒu rén cāi cè tài yáng xì zhōng de
1760 年，有人猜测太阳系中的

xíng xīng yǔ tài yáng de jù lí gòu chéng le yí gè jiǎn dān
行星与太阳的距离构成了一个简单

de shù zì xù liè　　dàn shì zài mù xīng hé huǒ xīng zhī
的数字序列，但是在木星和火星之

jiān yǒu yí gè kòng xì　　yú shì rén men rèn wéi mù xīng
间有一个空隙，于是人们认为木星

hé huǒ xīng zhī jiān yīng gāi hái yǒu yì kē xíng xīng　　hòu
和火星之间应该还有一颗行星，后

lái zhèng míng shì xiǎo xíng xīng dài
来证明是小行星带。

彗木相撞

在 1994年7月16日至1994年7月22日期间，彗星碎片陆续撞入木星大气层。这是科学家有史以来第一次有机会目击地球外的两天体的碰撞。

▲ 彗星撞击木星

千载难逢

科学家们计算，在太阳系中，像这次彗木相撞的天文奇观大约要隔数百万年乃至上千万年才会出现一次，它为人类更深刻地了解宇宙的奥秘，揭示地球上生命的起源及进化提供了千载难逢的机会。

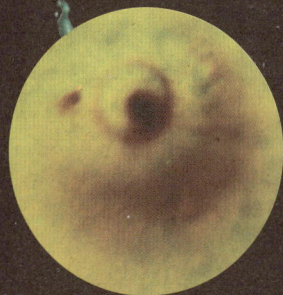
▲ 彗星撞向木星的瞬间

意义重大

在漫长的岁月中，天体之间的撞击不知发生过多少次，但是由人类亲眼目睹的天体碰撞还是第一次，这对于彗星和木星的研究以及对可能有别的天体撞击地球的研究有重大意义。

→ 彗星和木星相撞在木星上产生了很明显的效应，巨大的蘑菇云在撞击点上空漂浮着，留下一个黑色的斑点，彻底地改变了木星的外貌。

深度撞击

<ruby>2005<rt>nián</rt></ruby> 年 1 月 12 日，美国发射"深度撞击"号探测器，并于同年 7 月 4 日成功撞在坦普尔彗星的正面，完成了一次人类自己导演的天体相撞。

↓ 天体相撞瞬间

小档案

由于彗木相撞发生在距地球 8 亿千米的太空，所以不会给地球及太阳系带来灾难。

71

月 球

月球俗称月亮，是地球唯一的一颗卫星。月球的年龄大约是46亿年，它与地球形影相随，关系密切。自古以来，明亮皎洁的明月就引起了人类无数的遐思。

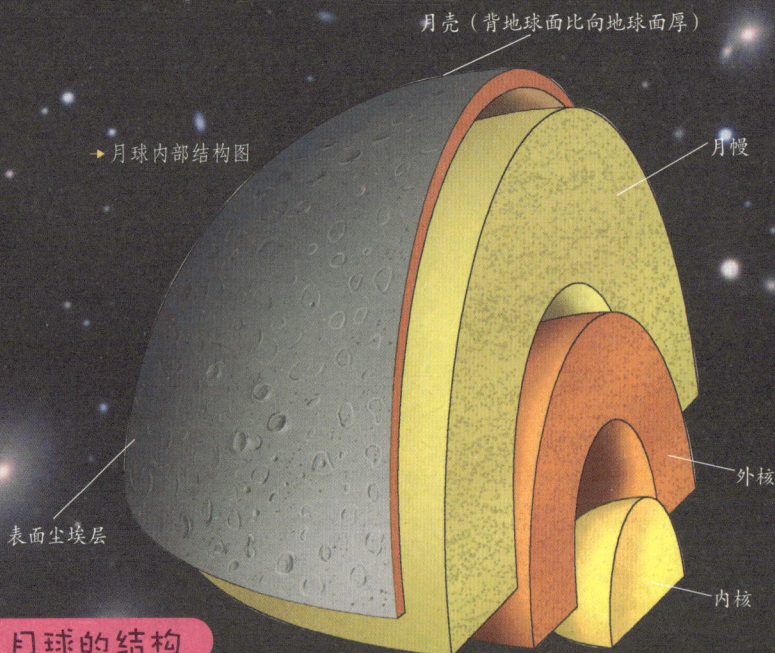

月壳（背地球面比向地球面厚）

→ 月球内部结构图

月幔

外核

内核

表面尘埃层

月球的结构

月球也有壳、幔、核等分层结构。最外层的月壳平均厚度为60～65千米；月壳下面到1 000千米深度是月幔，它占了月球的大部分体积；月幔下面是月核，月核的温度约为1 000℃，很可能是熔融状态的。

月球地貌

月球上面有阴暗的部分和明亮的区域。早期的天文学家在观察月球时，以为发暗的地区都有海水覆盖，因此把它们称为"海"，著名的有云海、湿海、静海等。月球上明亮的部分是山脉，那里层峦叠嶂，山脉纵横，到处都是星罗棋布的环形山。

→月球

月球生态

月球上没有大气，没有液态水，没有天气变化，是一个无声的世界。月球的面貌总是保持不变，即使在太阳照射的"白天"，月球上的天空仍然是黑暗的。

小档案

位于月球南极附近的贝利环形山直径295千米，可以把整个海南岛装进去。

希腊神话中的月神——阿尔忒弥斯

月球传说

在古希腊神话中，月亮女神阿尔忒弥斯是光明之神阿波罗的孪生妹妹，同时也是狩猎女神。月球的天文符号好像弯弯的月牙儿，象征着阿尔忒弥斯的神弓。

月 食

在 地球和月球的转动中，地球正好转到月亮和太阳
的中间时，地球的影子就落到了月亮上，这便是
月食。

月食的种类

月食有两种，当月亮被地球的影子全部遮住时，叫作月全食；地
球只遮住月亮的一部分，就叫作月偏食。

▼ 月全食

天狗吃月亮

在古时候，人们认为月食是天狗在
咬月亮，他们常常敲锣打鼓、燃放鞭炮
来赶走"天狗"。

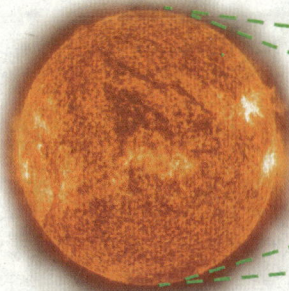

月全食和月偏食形成示意图

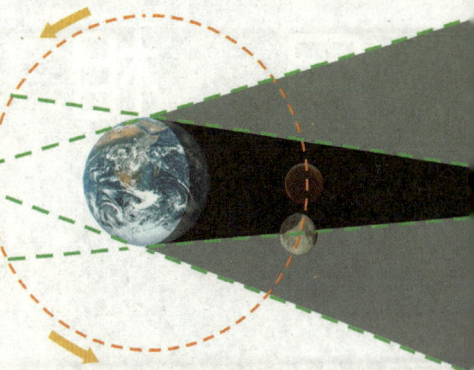

月食的力量

哥伦布在航海途中，被当地的土著居民抓住，要饿死他。通晓天文的哥伦布知道当天晚上要发生月全食，就说："如果你们再不送食物来，我就不给你们月亮。"果然，到了晚上，月亮被一个黑影遮住了。土著人很害怕，马上送来了食物。

2004年10月27日的月全食

小档案

月食与日食都是常见的自然现象，可是古人给它蒙上了一种神秘的迷信色彩。

罕见的月食

月全食出现的次数比日全食要少得多，但是发生月全食时，地球上对着月亮一侧所有的地方都能看见月全食，而日全食只有在特定地带里的人才能够看到。

月 相

上弦月

凸月渐盈

满月

<ruby>随<rt>suí</rt></ruby>着月亮每天在星空中自西向东移动一大段距离，它的形状也在不断地变化着，这就是月亮位相变化，叫作月相。

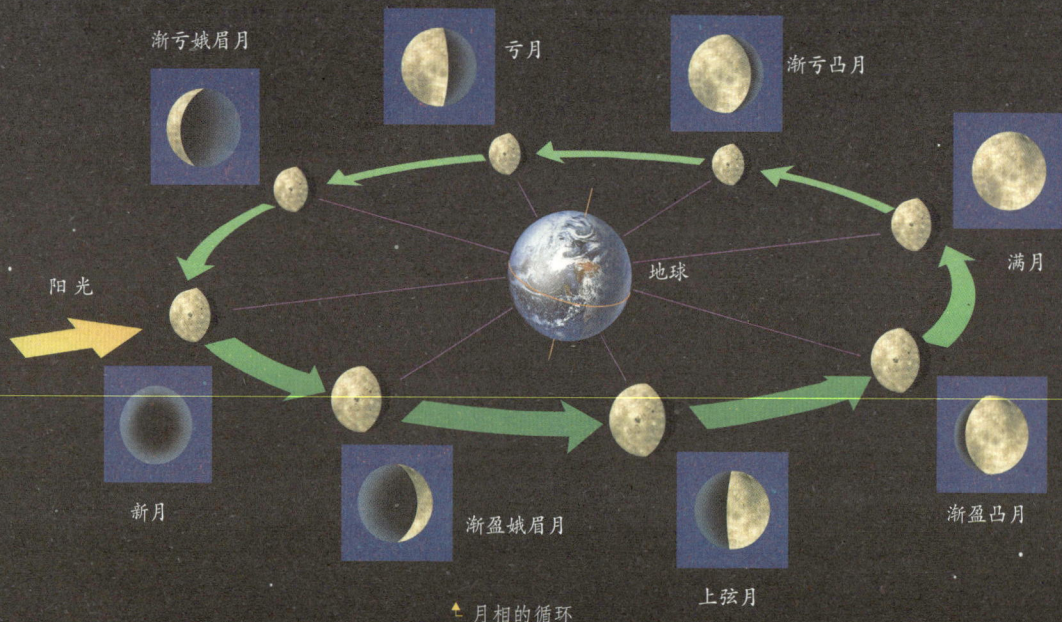

渐亏娥眉月

亏月

渐亏凸月

满月

阳光

地球

新月

渐盈娥眉月

上弦月

渐盈凸月

▲ 月相的循环

新月

měi dāng yuè qiú yùn xíng dào tài yáng yǔ dì qiú zhī jiān　bèi tài yáng zhào liàng de bàn qiú bèi duì zhe dì qiú
每当月球运行到太阳与地球之间,被太阳照亮的半球背对着地球

shí　rén men zài dì qiú shang jiù kàn bú dào yuè qiú　zhè yì tiān chēng wéi　xīn yuè　yě jiào　shuò
时,人们在地球上就看不到月球,这一天称为"新月",也叫"朔

rì　zhè shí shì nóng lì chū yī
日",这时是农历初一。

形成

yóu yú yuè qiú běn shēn bù fā guāng　zài tài yáng guāng zhào shè xià　xiàng zhe tài yáng de bàn gè qiú miàn
由于月球本身不发光,在太阳光照射下,向着太阳的半个球面

shì liàng qū　lìng bàn gè qiú miàn shì àn qū　suí zhe yuè liang xiāng duì yú dì qiú hé tài yáng de wèi zhì biàn
是亮区,另半个球面是暗区。随着月亮相对于地球和太阳的位置变

huà　jiù shǐ tā bèi tài yáng zhào liàng de　yí miàn yǒu shí miàn xiàng dì qiú　yǒu shí bèi xiàng dì qiú
化,就使它被太阳照亮的一面有时面向地球,有时背向地球。

朔望月

凸月渐亏

yuè xiàng zhōu ér fù shǐ de biàn huà zhe　rú guǒ yòng yuè xiàng
月相周而复始地变化着。如果用月相

biàn huà de zhōu qī lái jì suàn cóng xīn yuè dào xià yí gè xīn yuè
变化的周期来计算,从新月到下一个新月,

huò cóng mǎn yuè dào xià yí gè mǎn yuè　jiù shì yí gè　shuò wàng
或从满月到下一个满月,就是一个"朔望

yuè　shí jiān jiàn gé yuē yuè　tiān
月",时间间隔约29.53天。

小档案

"人有悲欢离合,月有阴晴圆缺",这里的圆缺就是指月相的变化。

下弦月

日食

yuè liang zhèng hǎo zhuàn dào dì qiú hé tài yáng de zhōng jiān shí yuè liang jiāng tài yáng

当 月亮正好转到地球和太阳的中间时，月亮将太阳

zhē zhù le shùn jiān míng liàng de tiān kōng àn dàn xià lái zhè shí hou jiù fā

遮住了，瞬间，明亮的天空暗淡下来，这时候就发

shēng le rì shí xiàn xiàng

生了日食现象。

日食的种类

rì shí yǒu sān zhǒng tài yáng quán bù bèi yuè liang zhē zhù le jiào rì quán shí yuè liang zhǐ zhē zhù

日食有三种：太阳全部被月亮遮住了，叫日全食；月亮只遮住

tài yáng de yí bù fen jiào rì piān shí rì huán shí shì yuè liang zhē zhù le tài yáng de zhōng xīn bù fen

太阳的一部分，叫日偏食；日环食是月亮遮住了太阳的中心部分。

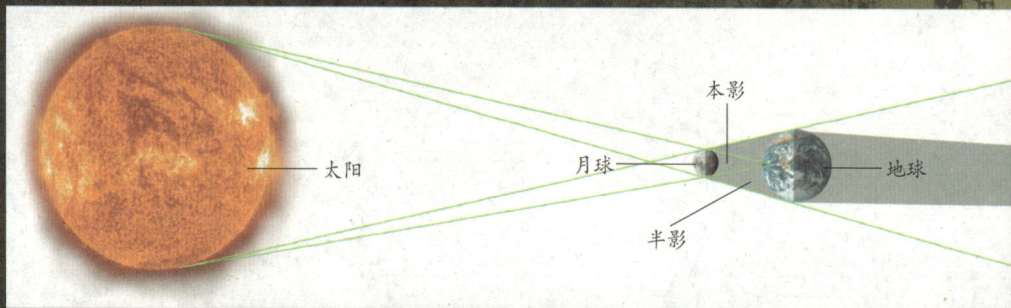

太阳　　月球　本影　地球　半影

▲ 日全食示意图

日食奇观

chū xiàn rì quán shí de shí hou tài yáng bèi yí gè hēi sè de yǐng zi zhē zhù le yáng guāng míng mèi

出现日全食的时候，太阳被一个黑色的影子遮住了，阳光明媚

de qíng kōng chà nà jiān chéng le hūn àn de yè kōng tiān shàng shǎn shuò zhe míng liàng de xīng xing dì píng xiàn

的晴空，刹那间成了昏暗的夜空，天上闪烁着明亮的星星，地平线

shang lù chū yì sī wēi ruò de liàng guāng gěi tiān dì jiān pī shàng le yì céng shén mì de miàn shā

上露出一丝微弱的亮光，给天地间披上了一层神秘的面纱。

最长的日全食

lì shǐ shàng guān cè dào de shí jiān zuì cháng de yí cì rì
历史上 观测到的时间最长的一次日
quán shí shì zài nián yuè rì nà cì zài tài píng
全食是在 1995 年 6 月 20 日，那次在太平
yáng shàng guān cè de shí jiān cháng dá fēn miǎo
洋上 观测的时间长达 7 分 15 秒。

小档案

在古代，人们把日全食的出现看作是上天在发怒，是不祥之兆。

美丽的日食现象

日食的秘密

rì shí yǔ tài yáng dì qiú hé yuè
日食与太阳、地球和月
qiú de yùn dòng yǒu guān dāng yuè qiú dì
球的运动有关，当月球、地
qiú tài yáng chéng yí xiàn shí jiù huì
球、太阳 成一线时，就会
chū xiàn rì shí
出现日食。

太阳风

太阳的最外层密布着氢、氦等带正电的质子和带负电的自由电子等，它们高速旋转，就形成了太阳风。

日冕的温度高达上百万摄氏度，一些科学家们认为，日冕里有大量来自太阳内部的高温等离子体粒子，所以温度非常高。

日冕

太阳最外层的大气称为日冕，它延伸的范围达到太阳直径的几倍到几十倍。日冕的亮度只有太阳本身的百万分之一，因此只能在发生日食时被人们看到。

太阳风的形成

日冕中有大片不规则的暗黑区域，称为冕洞，形成太阳风的粒子流就是从日冕的冕洞中喷射出来的。

冕洞里的物质稀少，而且存在时间也比较长，有时可达1年时间。

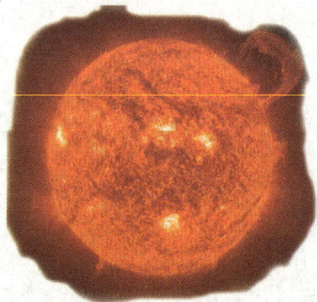

太阳风从日冕向空间持续抛射出来的物质粒子流。

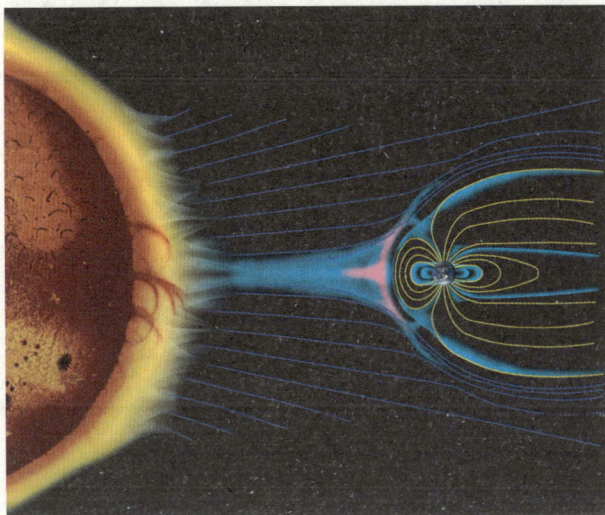

太阳风给我们研究太阳以及太阳与地球的关系提供了方便。

持续太阳风

太阳风分为两种，一种是持续太阳风，它的射流速度比较小，而微粒含量也不大。这种太阳风对地球的影响不是很大。

小档案

太阳风的发现是20世纪空间探测的重要发现之一。

扰动太阳风

速度较大、粒子含量较多的太阳风叫作扰动太阳风。这种太阳风对地球影响很大，当它抵达地球时，往往会引起很大的磁暴，同时骚扰电离层，影响地球上的短波通讯。

美丽的极光

当太阳风抵达地球极区时，地球的两极就会出现极光。极光的形态很多，不光会在地球上出现，太阳系内某些具有磁场和大气层的行星上也会出现极光。

极光

潮　汐

潮 汐通常指由于月亮和太阳的引力而产生的水位定时涨落的现象。潮汐是沿海地区的一种自然现象，它与人类的关系非常密切。

小档案

虽然潮汐的威力并不巨大，但是潮汐往往成为地球上地震的诱因之一。

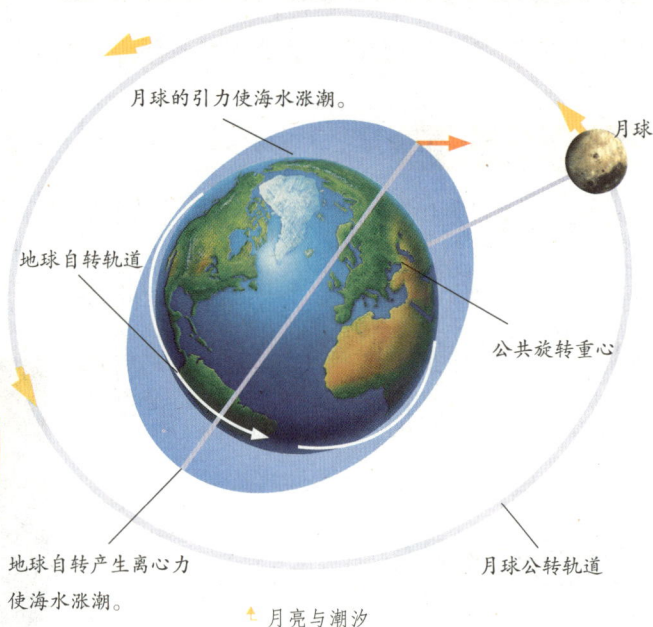

月球的引力使海水涨潮。

月球

地球自转轨道

公共旋转重心

地球自转产生离心力使海水涨潮。

月球公转轨道

月亮与潮汐

潮汐由来

地球上的海水或江水受到太阳、月球的引力以及地球自转的影响，在每天早晚会各有一次水位的涨落，这种现象早称为潮，晚称为汐。

潮汐的影响

潮汐的存在使天体之间的相对速度减小，比如，月球和地球之间的潮汐使月球的自转周期等于它的公转周期。

如果是黑洞等质量巨大的天体引起的潮汐，一旦潮汐力超过分子间作用力，就会把周围的物体撕得粉碎。

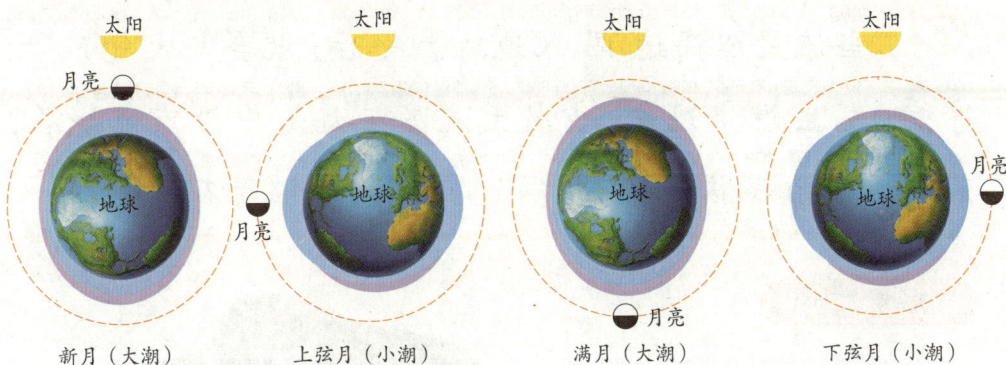

新月（大潮）　　　上弦月（小潮）　　　满月（大潮）　　　下弦月（小潮）

大潮发生时，月球同太阳在一条直线上；小潮发生时，月球同太阳成直角关系。

引力的大小

除月球、太阳外，其他天体也会引起潮汐。虽然太阳的质量比月球大得多，但太阳离地球的距离也大得多，所以太阳的潮汐引力还不到月球的一半。其他天体或因远离地球，或因质量太小，所产生的潮汐引力微不足道。

海潮

陨石

在 太阳系的广袤空间中，布满了无数尘埃般的流星，当流星以高速闯入地球大气后，就会与大气产生摩擦，发生燃烧现象。少数大流星在大气中没有燃烧尽，落到地面的残骸就称为"陨星"，又叫"陨石"。

陨星类别

原始质量较大的流星掉落地面成为陨星，陨星的大小不一，成分各异，有铁陨星、石陨星，还有玻璃质陨星及陨冰。

→铁陨

天外来"客"

陨石是来自地球之外的"客人"。通过对陨石中各种元素的同位素含量测定，可以推算出陨石的年龄，从而推算太阳系开始形成的时期。

小档案

有人认为陨石把最新的生命带到地球上，这些新的生命会慢慢成长起来。

陨星坑的形成过程

陨坑

最著名的陨坑是美国亚利桑那州北部荒漠中的一个大陨石坑，它的直径有 1 245 米，深达 172 米。人们在坑里搜集到好几吨陨铁碎片。据推算，这是约 2 万年前一块重十多万吨的铁质陨星坠落所造成的坑洞。

巴林杰陨石坑

什么是恒星

恒星是个熊熊燃烧的大火球。宇宙中有很多很多恒星，所以给它们起名字也是件很麻烦的事。恒星离我们很远，要借助于天文望远镜才能看到它们的变化。

恒星的诞生

恒星的年龄

多数恒星的年龄在10亿~100亿岁之间，目前发现的最老恒星是 HE 15320-0901，估计年龄已经有132亿岁了。

质量和寿命

科学家推测，质量越大的恒星，寿命可能越短暂。这可能是因为质量越大的恒星核心的压力也越高，氢的燃烧速度也越快。

大小

恒星的大小不一，有直径只有20千米的中子星，也有直径大约是太阳1000倍的超大恒星。

↑ 恒星是很多星系的核心。

恒星的表面温度

一颗暗红色的恒星表面温度为2 500℃，亮红色的大约为3 500℃，一颗蓝色恒星为10 000℃，所以说颜色跟温度有关。

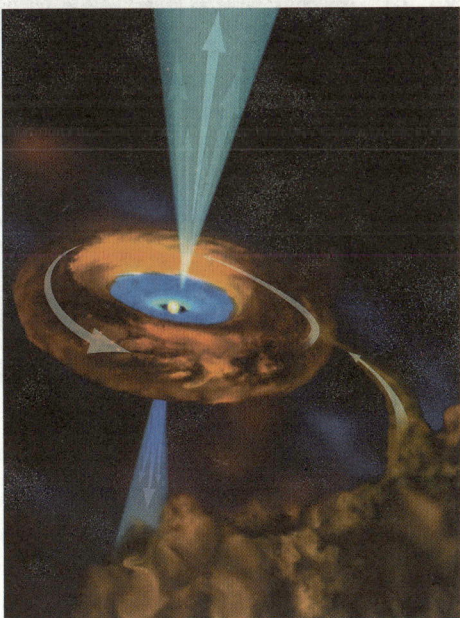

↑ 恒星是有大有小的，比如天蝎座最亮的恒星就可以装下两亿多个太阳。

小档案

恒星的核心物质一旦达到足够密度，其中一些氢就可经由核聚变转换成氦。

颜色

恒星有一个颜色范围，从淡红色到淡黄色再到蓝色，跟温度有关，但恒星表面看起来是单一的颜色。

分类

恒星根据亮度来分类，Ia是高亮超巨恒星，Ib是超巨恒星，II是高亮巨恒星，III是巨恒星，IV是亚巨恒星，V是主序星或矮星。太阳属于G2V类恒星。

恒星的一生

宇宙中的天体和生命个体一样，也要经历一个从诞生、成长到衰落和死亡的过程。也正是这样，每个恒星也几乎都能被看成是一个成长的生命。

恒星的诞生

按照大爆炸学说，爆炸后宇宙的温度开始降低，宇宙中的物质也开始凝聚。以氢元素为主的宇宙物质在万有引力的作用下聚集在一起，当温度合适的时候，聚变之火就被点燃了，这预示着一颗恒星的诞生。

灿烂的星空

漫天繁星大多是恒星。

青壮年恒星

当一颗像太阳这样的恒星表面温度达到 6 000℃左右的时候，是恒星的青壮年时期，也是恒星"身体"最正常的时候，能产生出巨大的热和能量。

小档案

到了晚年以后，恒星的重力和内部压强失去了平衡，恒星的状态也变得很不稳定。

🔺 恒星内部温度有2 000万℃，即使在表面也有大约6 000℃，可以一下子把钢铁烧成铁水。所以恒星就像是一个永不熄灭的火炉一样。

🚀 恒星的演化

héngxīng de　yì shēng shì zhè yàng
恒星的一生是这样
yǎn huà de　xīng jì wù zhì　xīng jì
演化的，星际物质—星际
yún　yuánhéngxīng　zhǔhéngxīng　hóng
云—原恒星—主恒星—红
jù xīng　bù wěn dìng xīng　bái ǎi
巨星—不稳定星—白矮
xīng　zhōng zǐ xīng　·hēi dòng
星、中子星、黑洞。

▶到了晚年以后，恒星的重力和内部压强失去了平衡，恒星也慢慢走向了衰落。

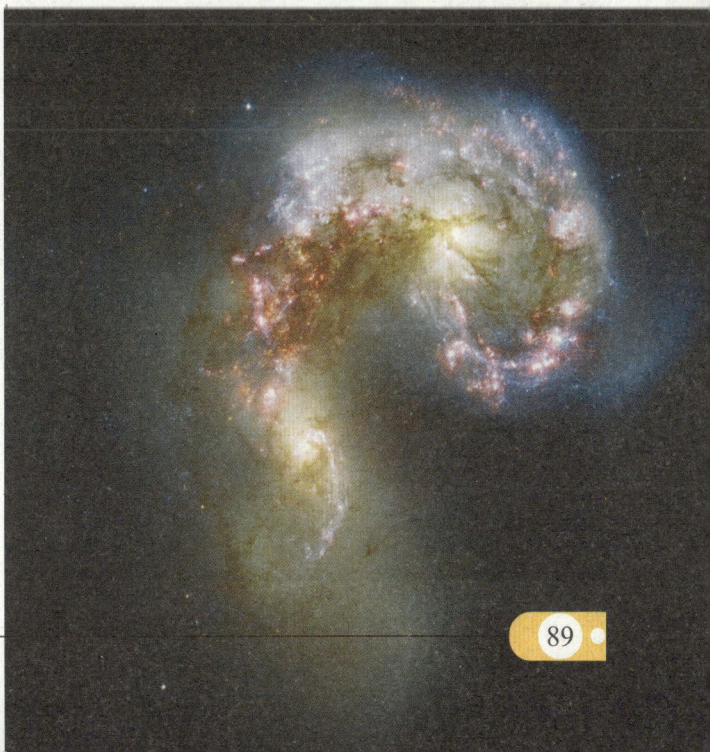

恒星的结构

恒星也有自己的结构和形状，它内部不同区域的物质状态不一样，温度也不一样。不仅如此，恒星的自身运动和外界对它的外形也有影响。

恒星的组成

恒星的表面是由气体组成的，而且时时刻刻都在进行着核反应，这样我们才可以看见它们发出的光。科学家也是通过研究恒星外层中的物质来了解恒星的。

小档案

对于一颗正在燃烧的恒星来说，它的体积越大，亮度也就越高。

恒星的内部是什么样子

恒星的内部温度很高，内部结构和它的年龄、质量还有成分有关系，恒星内部的温度可以达到几万度的高温。

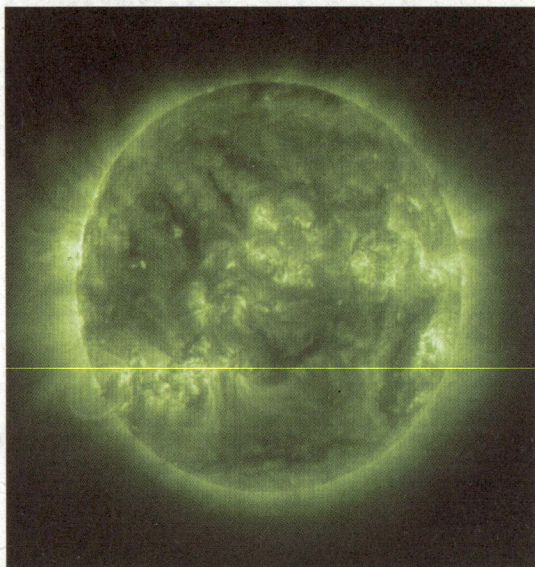

红矮星

我们所处的太阳系的主星太阳就是一颗恒星。

主星序

这颗黄色F型星，温度约7 500℃

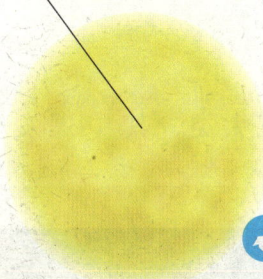

蓝巨星非常明亮，温度
相当高，属于O型星。

恒星的演变

héngxīng hé wǒ men rén lèi yí yàng　yě huì cóngxiǎo biàn dà　zuì hòu
恒星和我们人类一样，也会从小变大，最后
shuāi lǎo sǐ wáng　héngxīng zuì hòu sǐ wáng hòu jiù huì biànchéng hēi dòng
衰老死亡，恒星最后死亡后就会变成黑洞。

恒星的光

héngxīng de guāngbìng bù dōu shì bái
恒星的光并不都是白
sè　hái yǒu de héngxīng fā chū de guāng
色，还有的恒星发出的光
shì hóng sè hé lán sè　suǒ yǐ yǔ zhòu
是红色和蓝色，所以宇宙
zhōng de héngxīng de guāngbìng bù dān diào
中的恒星的光并不单调，
ér shì hěn piàoliang de
而是很漂亮的。

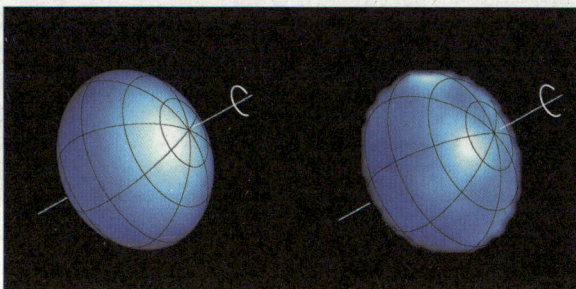

↑ 快速自转的恒星模型

变星

在夜空中，有时候我们会发现有些调皮的天体忽明忽暗地跟我们捉迷藏，它们就是变星。变星的亮度会变化，变化可以是周期的、半规则的或者是完全不规则的。

分类

变星可以分为食变星、脉动星和爆发星三大类，其中爆发星包括新星和超新星两类。

米拉星膨胀的时候会向太空中喷发大量的物质。

食变星

食变星是双星系统中的一个子星，与它的伴星能够相互遮挡各自的光芒，双星大陵五是最具代表性的食变星。

大陵五

dà líng wǔ xīng yě jiào yīng xiān zuò
大陵五星也叫英仙座β，
tā shì zuì zǎo bèi fā xiàn de shí biàn xīng
它是最早被发现的食变星。
dà yuē měi gé liǎng tiān líng gè xiǎo shí
大约每隔两天零21个小时，
tā de liàng dù jiù huì biàn huà yí cì
它的亮度就会变化一次。

▶英仙星座的大陵五星是一颗几何变星，光变在300多年前已经被发现。

脉动星

mài dòng xīng shì yóu mài dòng yǐn qǐ liàng dù biàn huà de
脉动星是由脉动引起亮度变化的
héng xīng zài biàn xīng zhōng mài dòng xīng zhàn le yí bàn yǐ
恒星，在变星中脉动星占了一半以
shàng yín hé xì zhōng yuē yǒu wàn gè mài dòng xīng
上，银河系中约有200万个脉动星。

▶变星像魔术师一样改变形状。

新星

xīn xīng de liàng dù zài duǎn shí jiān nèi tū rán jù zēng jǐ
新星的亮度在短时间内突然剧增，几
tiān zhī nèi kě yǐ zēng jiā jǐ wàn bèi rán hòu huǎn màn jiǎn ruò
天之内可以增加几万倍，然后缓慢减弱，
biàn àn de sù dù jiù hěn màn le
变暗的速度就很慢了。

小档案

新星不是新产生的恒星，而是白矮星外层爆发形成的。

▶磁变星一般是磁场很强且有变化的恒星。

T型变星

jīn niú zuò xíng biàn xīng shì yì zhǒng bù guī zé de biàn xīng zhè zhǒng
金牛座T型变星是一种不规则的变星，这种
biàn xīng de liàng dù biàn huà shì bù guī zé de xíng biàn xīng zài yín hé xì
变星的亮度变化是不规则的。T型变星在银河系
zhōng yuē yǒu wàn gè
中约有100万个。

巨星和超巨星

héng xīng jiā zú zhōng　měi yí gè héng xīng zhǎng de kě dōu bù yí yàng　yǒu de
在恒星家族中，每一个恒星长的可都不一样，有的
tǐ jī dà　yǒu de tǐ jī xiǎo　yǒu de míng　yǒu de àn　zài tā men zhōng
体积大，有的体积小，有的明，有的暗。在它们中
jiān yǒu liǎng gè tǐ jī shí fēn páng dà de jiā huo　nà jiù shì jù xīng hé chāo jù xīng
间有两个体积十分庞大的家伙，那就是巨星和超巨星。

巨星

jù xīng bǐ chāo jù xīng xiǎo　fēi cháng míng liàng　zhì liàng shì tài yáng de　dào　bèi　suǒ yǐ bèi
巨星比超巨星小，非常明亮，质量是太阳的10到100倍，所以被
qǔ míng wéi jù xīng
取名为巨星。

▼ 蓝色的超巨星

小档案

蓝超巨星体积很大，密度却很小，密度只有水的千分之一。

94

红巨星

超巨星

超巨星是恒星世界的巨人，它们的亮度是最强的，约为太阳光度的30 000至数百万倍。

红超巨星

在恒星的氢核心燃烧时，它的外部会膨胀得比红巨星还大，就形成了红超巨星。它是宇宙中最大的恒星，温度很低。

著名的亮巨星

巨星里也有"明星"呢，著名的亮巨星有参宿三、渐台二的亮子星、天蝎座19、轩辕九等。

蓝超巨星

大部分蓝超巨星是由星云收缩而成的大质量恒星，小部分的是受红超巨星影响表面温度升高形成的。

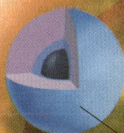

红巨星内部

超新星

在恒星的世界里,每个恒星都有自己的归宿,一颗大质量的恒星"暴死"之后会成为超新星。但是它们在天空中的数量不是太多,就几百颗左右。能用肉眼看到的只有6颗。

起因

恒星从中心开始冷却,结构上失去平衡就会使形体向中间坍缩,造成外部冷却而红色的层面变热,接着层面发生剧烈地爆炸产生超新星。

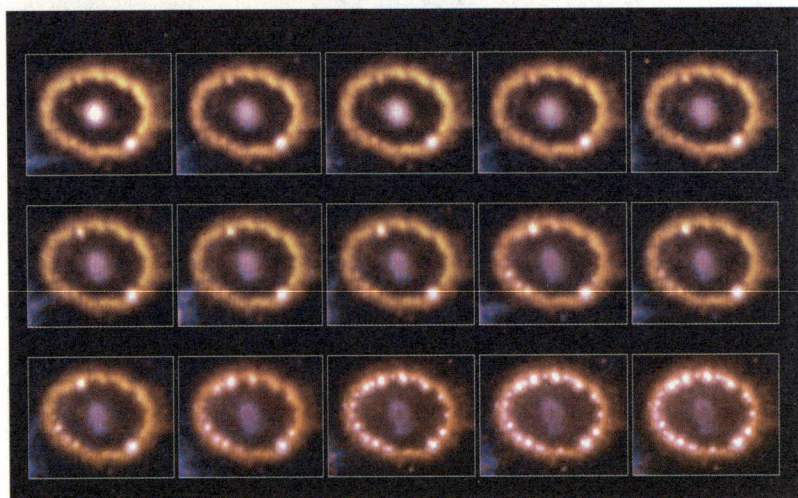

从1994年至2003年所拍摄的超新星SN1987A。这组照片说明,爆炸产生的震波不断冲击已形成的环状物质,刚形成中心的超新星遗骸持续地扩张。

内核坍缩

超新星内核的坍缩速度能达到每秒七万千米，坍塌后会剩下一颗中子星。最终内核会坍缩成一个直径约30千米的球体。

巨大的能量

一颗超新星在几天内向外辐射的能量，就像一颗青年恒星在几亿年里辐射的那样多。

促生新恒星

超新星的爆发可能会引发附近星云中无数颗恒星的诞生，超新星爆发的灰烬也是形成别的天体的重要材料。

超新星 SN 1987A 遗迹

小档案

超新星是罕见的天象，但科学家每年都能观测到几十颗超新星。

超新星爆发以后，被抛射出去的物质在恒星核周围形成一个明亮的光环，再加上以前就有的两个光环，这个恒星核就被三个光圈包围着，十分壮丽。

白矮星

在恒星家族中，有这么一种恒星，它的颜色呈白色、体积比较小，光度低、密度高、温度高，在红巨星的中心形成。它就是白矮星，是一种晚期的恒星。白矮星的体积跟地球相当，质量却和太阳差不多。

"诞生"

白矮星又叫并矮星，恒星到了晚年的时候抛射出大量物质，等物质损失完后只剩下一个核，这个核就会演化为白矮星。

密度

别看白矮星个子小，它的密度可很大，大约有1000万吨/立方米。这么大的密度，使白矮星上的重力非常大，人在白矮星上根本就别想站起来。

▲ 白矮星的气体盘周围布满了尘埃。

数量

mù qián rén men fā xiàn le　　　duō kē bái ǎi xīng zhàn
目前人们发现了1000多颗白矮星,占

quán bù héng xīng de bǎi fēn zhī shí　　qí zhōng tiān láng xīng de bàn
全部恒星的百分之十。其中天狼星的伴

xīng shì zuì liàng de bái ǎi xīng
星是最亮的白矮星。

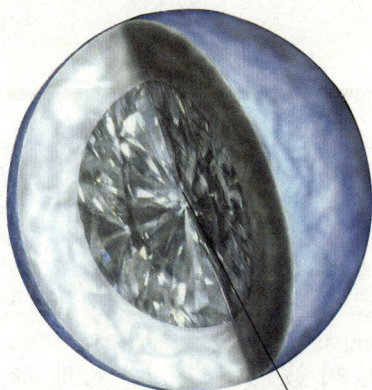

白矮星星核的结构类似地球上的钻石。

小档案

经过数千亿年之后,白矮星冷却到无法发光,就成了黑矮星。

螺旋

zài　　　　de shuāng xīng xì tǒng li　　yǒu
在J0806的双星系统里,有

liǎng gè bǐ jiào qīn mì de bái ǎi xīng　　tā men
两个比较亲密的白矮星,它们

de luó xuán còu de yuè jìn　　zhōu qī huì biàn de
的螺旋凑得越近,周期会变得

yuè duǎn　zuì zhōng zhè liǎng gè　　hǎo péng you
越短。最终这两个"好朋友"

huì hé bìng zài yì qǐ　　yào me chéng wéi zhōng zǐ
会合并在一起,要么成为中子

xīng　　yào me chéng wéi dà de bái ǎi xīng
星,要么成为大的白矮星。

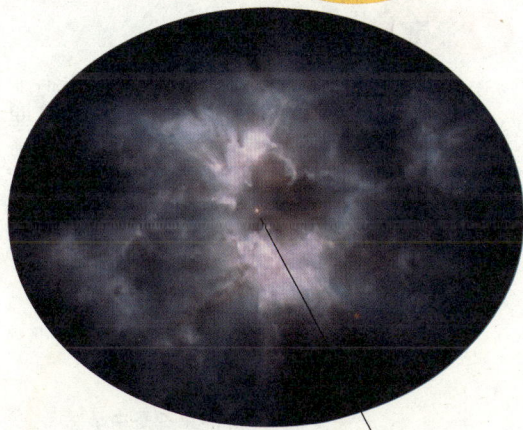

星云中部有一颗白矮星。

从上图中可以看到白矮星增长的情况,白矮星吸附的物质在它周围形成吸积盘,这些物质来自于它的伴星——红巨星。

中子星

如果你为白矮星的巨大密度而惊叹不已的话，这里还有让你更惊讶的呢。中子星又叫波霎，密度比地球上的任何物质密度都大，是恒星寿命终结时的形式之一，可能会在少数恒星身上产生。

密度

中子星的密度很大，每立方厘米的质量为一亿吨，是除黑洞以外密度最大的星体。

小档案

脉冲星都是中子星，但中子星不一定是脉冲星。

中子星能产生极强的磁场。

质量

中子星的质量极大，一个中子化的火柴盒大小的物质，需要96 000个火车头才能拉动。

中子星旋转时会发出强烈的射电信号。

大小

中子星都小得出奇，小小中子星的"腰围"只有30多千米。可是就是这么颗小个子恒星，却有很多惊人的物理条件。

温度

中子星的温度也高得惊人，表面温度可以达到1000万摄氏度，中心温度还要高出数百万倍。

中子星内核物质状态未知

演化状态

中子星还会进一步演化，当它的角动量消耗完以后，就会变成不发光的黑矮星。

中子星

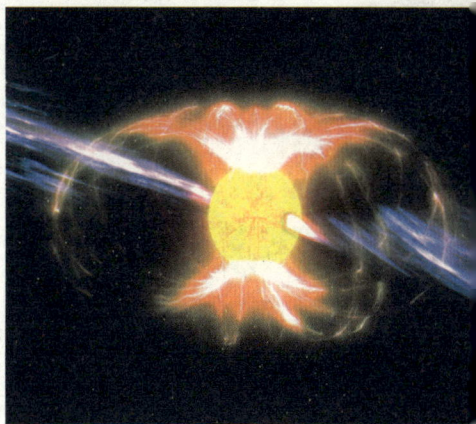

发现脉冲星

中子星有极强的磁场，它是中子星沿着磁场方向发射的束状无线电波，这些电波会像一座旋转的灯塔那样一次次扫过地球，形成射电脉冲。人们称这样的天体为"脉冲星"。

磁　星

在中子星中有一个神奇的成员，它们拥有很强的磁场，在衰变的过程中源源不断地释放出高能量电磁辐射，以X射线及伽马射线为主，它们就是"磁星"。磁星的磁场强度大约是普通中子星的1 000倍。

形成

一颗大恒星经过超新星爆炸后，会坍缩成一颗中子星，磁场也会增强，这些强磁场的中子星就被称为"磁星"。

小档案

磁星具有很强的磁场，但它的寿命也是很短的。

→ 艺术家笔下的磁星

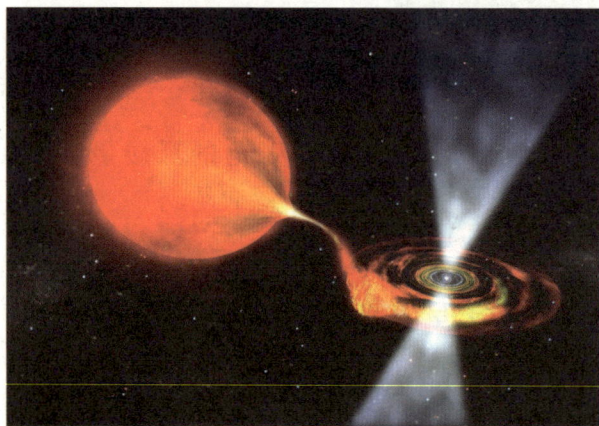

已知的磁星

目前为止我们知道的磁星有：SGR 1806—20，位于人马座，距离地球50 000光年；1E 1048.1—5937，位于船底座，距离地球9 000光年。

短寿命

yì kē cí xīng zài zhāng lì chǎnshēng qī jiān huì
一颗磁星在张力产生期间，会
fā shēng xīngzhèn bìng shì fàng chū qiáng dà néngliàng
发生"星震"并释放出强大能量。
xīngzhèn shǔ yú yì zhǒngshùn jiān de dà xíng pò huài
"星震"属于一种瞬间的大型破坏，
suǒ yǐ cí xīng de shòumìng hěn duǎnzàn
所以磁星的寿命很短暂。

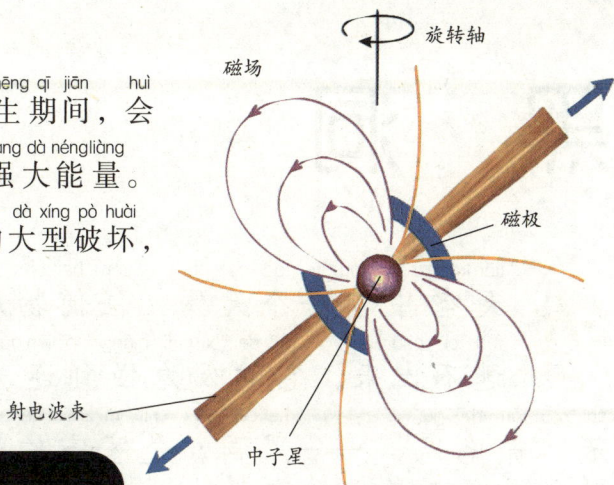

旋转轴
磁场
磁极
射电波束
中子星

脉冲星的磁场示意图

磁星的影响

zài jù lí cí xīng qiān mǐ de fàn wéi
在距离磁星1000千米的范围
nèi tā de qiáng dà cí chǎng jiù néng bǎ zǔ zhī xì
内，它的强大磁场就能把组织细
bāo sī suì zhì rén yú sǐ dì fēi cháng kě pà
胞撕碎，置人于死地，非常可怕。

美国物理学家认为磁星来自放射物的剧烈爆炸。

磁变星

cí xīng de cí chǎng bú shì gù
磁星的磁场不是固
dìng bú biàn de tā de cí chǎng huì
定不变的，它的磁场会
yóu qiáng biàn ruò zài yóu ruò biànqiáng
由强变弱，再由弱变强，
zhè ge guòchéng yì zhí zài jìn xíng zhe
这个过程一直在进行着，
suǒ yǐ cí xīng yě bèi jiào zuò cí biànxīng
所以磁星也被叫作磁变星。

磁星的磁场非常强大。

黑　洞

在天空中有一个天体，任何物质一旦掉下去就再也逃不出来，它的吸力强到连光都飞不出去，它就是"贪吃鬼"——黑洞，是宇宙的无底洞。目前，我们没有办法直接观测到它。

黑洞

产生

恒星内部的氢原子发生聚变，生成新的元素——氦，接着是铍、硼、碳、氮等元素的形成，直到铁元素形成，从而引起恒星坍塌最终形成"黑洞"。

巨型黑洞

宇宙中大部分星系中心都隐藏着一个超大的黑洞，它们的质量不一样，从100万个太阳质量到100亿个太阳质量都有。

有科学家认为，黑洞形成的过程中可能会产生伽马射线。

吸积

黑洞聚拢周围的气体产生辐射，这个过程 称为吸积。但是黑洞不是什么都吸，它也往外散发质子。

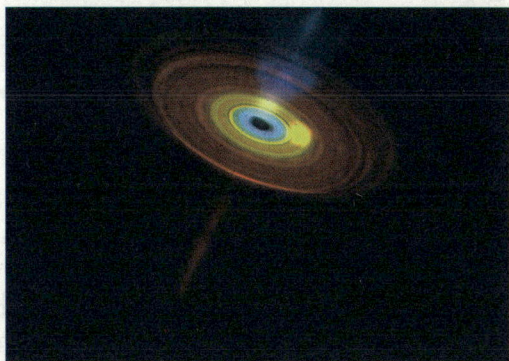
↑ 黑洞

小档案

黑洞会吞噬恒星，每隔一亿年吞噬一颗恒星。

蒸发

在黑洞的边界，粒子仍然会出去，黑洞会被慢慢"蒸发"掉，所以说黑洞也有灭亡的一天。

特殊

与其他天体相比，黑洞有"隐身术"，它利用弯曲的空间把自己隐藏起来，我们无法直接观测到它。

↓ 神秘的黑洞

星 云

当提到宇宙空间时，人们往往会想到那里是一无所有、黑暗寂静的真空，这不是完全对的，在那里也存在着各种物质，其中就有星云。星云是由宇宙间的尘埃及气体形成的。

星云的分类

星云可以分为四类：发射星云、反射星云、暗黑星云和行星状星云。

← 三裂星云是一个弥漫星云，它也是新恒星诞生的地方。

小档案

弥漫星云很漂亮，犹如天空中的云彩，包含了许多星际物质。

发射星云

发射星云是受到附近炽热光量的恒星激发而发光的，呈红色。天空中有很多我们熟悉的发射星云，如M42猎户座大星云。

反射星云

fǎn shè xīng yún shì kào fǎn shè
反射星云是靠反射
fù jìn héngxīng de guāngxiàn ér fā guāng
附近恒星的光线而发光
de chéng lán sè tā de guāng dù
的，呈蓝色，它的光度
jiào àn ruò
较暗弱。

→ 著名的蟹状星云

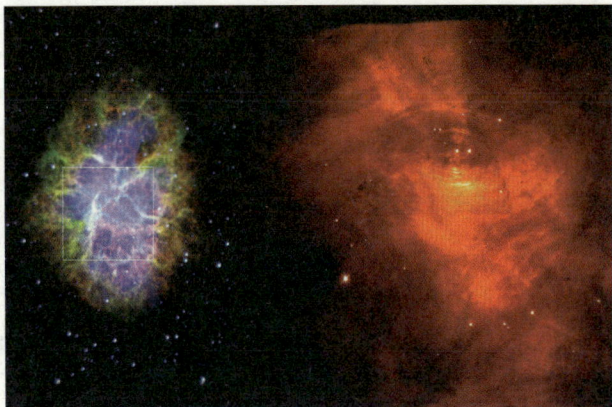

行星状星云

xíng xīngzhuàngxīng yún shì héngxīng wǎn nián de chǎn wù tā
行星状星云是恒星晚年的产物，它
de yàng zi xiàng tǔ de yān quān zhōng xīn shì kōng de wǎngwǎng
的样子像吐的烟圈，中心是空的，往往
yǒu yì kē hěn liàng de héngxīng bǐ jiào zhù míng de yǒu bǎo píng
有一颗很亮的恒星。比较著名的有宝瓶
zuò ěr lún zhuàngxīng yún hé tiān qín zuò huánzhuàngxīng yún
座耳轮状星云和天琴座环状星云。

◀ 猎户座著名的马头星云就属
于暗黑星云。

暗黑星云

àn hēi xīng yún běn shēn bú huì fā guāng yě méi yǒu héngxīng bāo hán qí zhōng zhù míng de yǒu méi dài
暗黑星云本身不会发光，也没有恒星包含其中。著名的有煤袋
xīng yún hé mǎ tóu xīng yún
星云和马头星云。

星云和恒星的转化

héngxīng yǔ xīng yún zài yí dìng tiáo jiàn xià shì kě yǐ zhuǎnhuà de
恒星与星云在一定条件下是可以转化的。
héngxīng xíngchéng yǐ hòu pāo shè dà liàng wù zhì dào xīng jì kōng jiān chéng
恒星形成以后抛射大量物质到星际空间，成
wéi xīng yún de yí bù fen yuán cái liào
为星云的一部分原材料。

→ 玫瑰星云

猫眼星云

星云的形态是千姿百态的，非常有趣，有的就像猫眼一样，很漂亮。猫眼星云是一个行星状星云，位于天龙座，它的结构是所有星云当中最为复杂的一个。有绳状、喷柱、弧形等各种形状的结构。

蓝色恒星

猫眼星云中央拥有一颗蓝色恒星，这颗恒星的亮度约为太阳的10 000倍，半径约为太阳的0.65倍。

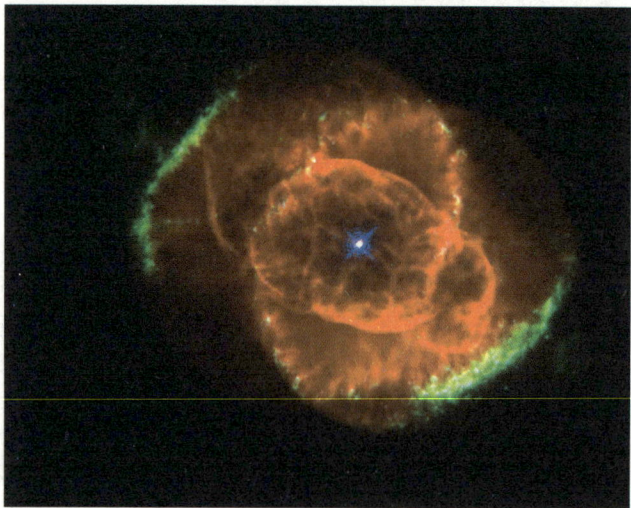

猫眼星云距离我们3 000光年，是一颗正在走向死亡的恒星向外抛射出的气体壳层造成的。

小档案

星云中央有一颗 O 型恒星，温度非常高，高达 80 000℃。

发现猫眼星云

猫眼星云由英国天文学家威廉·赫歇尔于1786年发现。

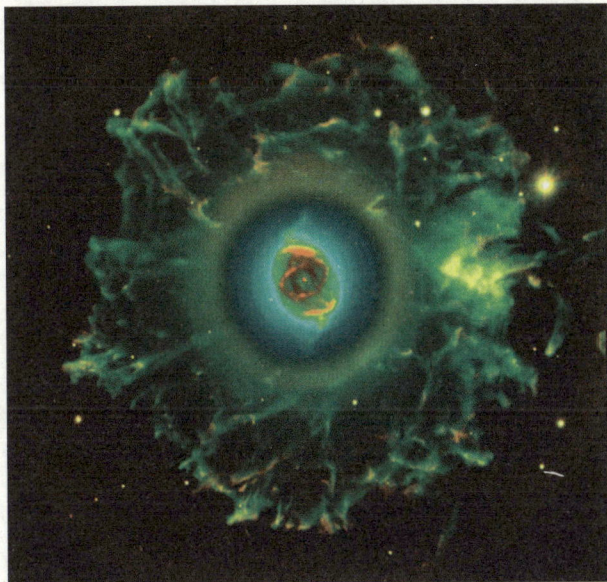

在猫眼星云的这张美丽的假色影像里，形状对称且引人注目的星云位于中央。图像经过处理，以呈现出星云奇特而昏暗且范围超过3光年的气晕。

物质构成

māo yǎn xīng yún de wù zhì zhǔ
猫眼星云的物质主
yào shì qīng hé hài bìng yōng yǒu shǎo
要是氢和氦，并拥有少
liàng zhòng yuán sù
量重元素。

星云的光亮部分

xīng yún de guāng liàng bù fen zhǔ
星云的光亮部分主
yào shì zhōng yāng héng xīng shì fàng chū de
要是中央恒星释放出的
héng xīng fēng hé xīng yún shè chū de wù
恒星风和星云射出的物
zhì pèng zhuàng xíng chéng de pèng zhuàng
质碰撞形成的，碰撞
chǎn shēng le shè xiàn
产生了X射线。

星云年龄

māo yǎn xīng yún zuì zǎo yú nián qián chū xiàn nián líng yě bú suàn hěn dà
猫眼星云最早于1000年前出现，年龄也不算很大。

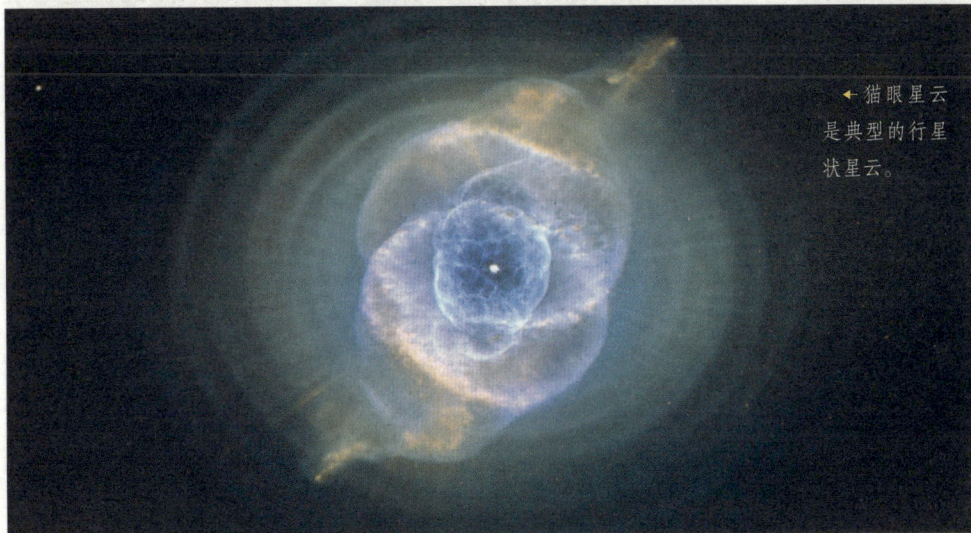

猫眼星云是典型的行星状星云。

蝴蝶星云

在星云的王国里，有这样一种星云，它的形状 像两个炽热的翅膀中央被一道黑暗尘埃带隔开，像一只美丽的大蝴蝶，所以它又有一个形象而通俗的名字：蝴蝶星云。

🚀 蝴蝶星云的别名

蝴蝶星云有好几种叫法呢，双喷流星云、蝶形星云、蝶翼星云都是它的别名。

▲ 蝴蝶星云

形成

蝴蝶星云因为高速的恒星风吹进了盘面而快速膨胀，产生了垂直于盘面的细致沙漏型翼，这些翼的投影呈现出蝴蝶翅膀的形象。

小档案

蝴蝶星云的缩写为 M2-9，是类太阳恒星演化周期的产物。

◄ 蝴蝶星云的翅膀结构惊人地对称。

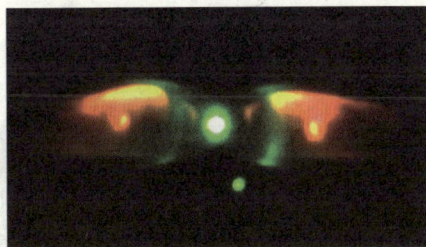

距离

蝴蝶星云中间的恒星距离银河系大约有3 800光年，离地球2 100光年。整个蝴蝶星云宽度有2光年。

▲ 很多蝴蝶星云都长着一对美丽的翅膀。

蝴蝶星云中正在死亡的恒星

在蝴蝶星云的中央有一颗恒星，它原来是一颗红巨星，由于蝴蝶星云的不断喷溅，只剩下了核心部分，现在它已接近生命的终点。

猎户座大星云

用肉眼看来，猎户座中构成"宝剑"的有三颗星，中间一颗是模糊的亮斑，它不是单颗星，而是一个星云，这就是M42，也就是猎户座大星云。猎户座大星云是位于猎户座的发射和反射星云。

位置

猎户座大星云位于雄霸冬季北半球的猎户座中，在银河系其中的一条旋臂——猎户臂上。

通过红外线拍摄到的猎户座星云

天体组成

猎户座星云是一个非常年轻的天体，那里不但有许多年轻的恒星，而且还有许多星前天体。

猎户座星云星团

liè hù zuò xīng yún shì liè hù xīng xié de hé
猎户座星云是猎户星协的核
xīn zài xīng yún fù jìn yǒu yí gè yín hé xīng tuán
心，在星云附近有一个银河星团，
chēng wéi liè hù zuò xīng yún xīng tuán zhù míng de
称为猎户座星云星团，著名的
liè hù zuò sì biān xíng jù xīng jiù wèi yú xīng
"猎户座四边形"聚星就位于星
yún zhī zhōng
云之中。

小档案

猎户座大星云是
天空中正在产生新恒
星的一个巨大气体尘
埃云。

☀ 庞大的猎户座大星云

距离地球很近

liè hù zuò xīng yún jù lí wǒ men hěn jìn
猎户座星云距离我们很近，
zhǐ yǒu dà yuē guāng nián de jù lí suǒ
只有大约1500光年的距离，所
yǐ xiàn zài wǒ men kě yǐ bǎ zhè ge xīng yún kàn de
以现在我们可以把这个星云看得
shí fēn qīng chǔ
十分清楚。

家庭成员

zài liè hù zuò xīng yún dà jiā tíng li chōng chì
在猎户座星云大家庭里充斥
zhe zhuó rè qì tǐ hé xīng jì chén āi shì héng xīng
着灼热气体和星际尘埃，是恒星
de dàn shēng dì
的诞生地。

◀ 庞大的猎户座大星云

双星

在天空中的星体，它们有的是很好的朋友，常常两两成双的在一起互相环绕运行，这样的两颗星称为双星。其中较亮的一颗称为主星，较暗的一颗称为伴星。主星和伴星亮度有的相差不大，有的相差很大。

奇异的双星

双星的颜色五彩缤纷，子星双双争艳。主星质量有比伴星大的，也有比伴星小的。子星有的是脉动变星，有的是爆发变星，有的是白矮星，甚至是黑洞。

白矮双星螺旋

密近双星

在双星系统中，两个子星相距很近，每个子星的演化受另一个子星的较大影响，这样的双星系统称为密近双星。著名的渐台二就是一个密近双星。

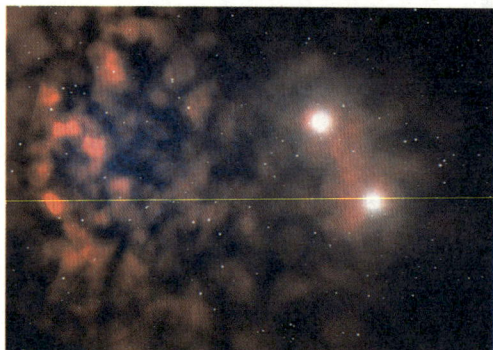
艺术家笔下的双星想象图

目视双星

目视 双星相互绕转
的轨道半径比较长,绕转
周期也比较长,一般都超
过5.7年。

膨胀的黄色恒星丢失了质量

气体不断地从较大、较冷的恒星中拖到较小、较热的恒星中。

从伴星攫取的气流

小档案

有的密近双星物质流动时会发出 X 射线,称为 X 射线双星。

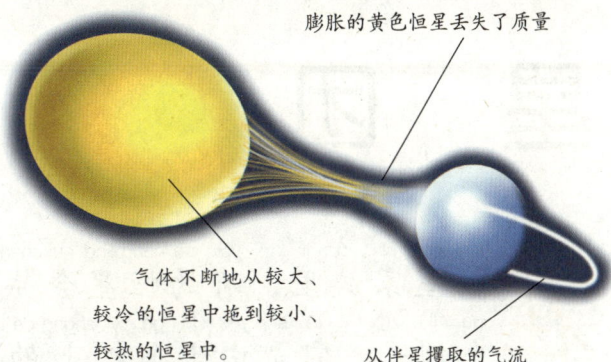

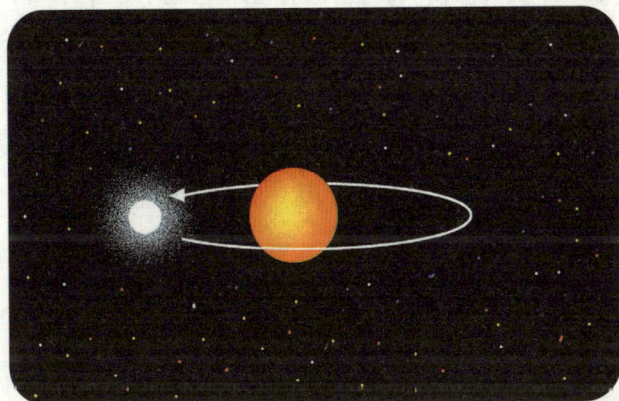

当一个双星系统的两颗恒星质量差别过大的时候,质量小的恒星就会围绕着质量大的恒星运动。

食双星

食双星又叫食变星,双星在
相互绕转时,会发生类似日食的
现象,使它们的亮度产生周期性的
变化。食双星一般都是分光双星。

在银河系中,双星的数量非常多,估计不少于单星。

星团

在恒星家族里，有的恒星会成帮结派，星团就是一个例子，它是由十个以上的恒星组成的、被各成员星之间的引力束缚在一起的恒星群。人多力量就大，星团空间的密度就明显高于周围的星场。

疏散星团

疏散星团由十几颗到几千颗恒星组成，它们结构松散，形状不规则，主要分布在银道面。

小档案

疏散星团很年轻，常常与星云在一起，有时还会形成恒星。

↑ NGC 290 位于邻近的小麦哲伦星系内，这个疏散星团有数百颗成员星。

昴宿星团

昴宿星团俗称"七姊妹"星团，而且恰巧在北斗七星的附近，有人称之为微型北斗七星。

昴宿星团拥有超过3000颗成员星，位于金牛座肩膀的位置。

↑ 昴宿星团

球状星团

球状星团整体像圆形，是由上万颗到几十万颗恒星组成的中心密集的星团。银河系中大约有500个球状星团。

球状星团M2

M2星团是一个很耀眼的星团，位于银河南极下方的宝瓶座。它呈现为一个圆形的星云状的光团，明亮不透明。

球状星团M3

M3星团是位于猎犬座的球状星团，由50多万颗比太阳还要老的恒星组成。

◂ 球状星团是由数十万颗恒星聚集成球形的星团。

星　座

自古以来，人们就对恒星的排列位置和形状怀有浓厚的兴趣，并且很自然地把一些位置相近的星联系起来，星座于是诞生了。

辨认星座

只要找到主星，就可以以主星为线索，辨认出整个星座。然后，从这个已经认识的星座引出一条线到远处去，会碰到一个星座或者是它的主星，由此来认识其他的星座。

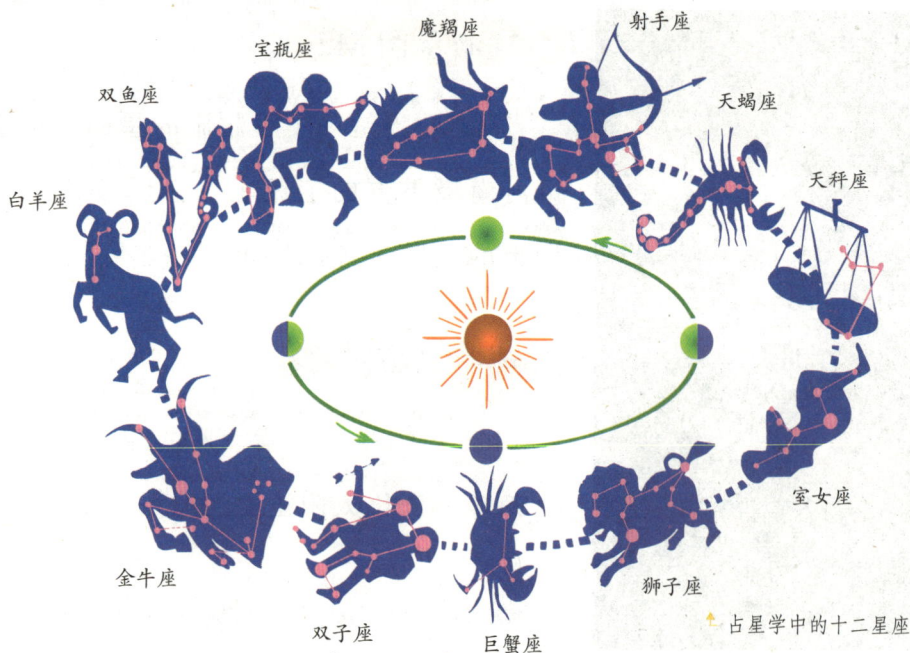

宝瓶座　魔羯座　射手座　天蝎座　天秤座　双鱼座　白羊座　金牛座　双子座　巨蟹座　狮子座　室女座

↑占星学中的十二星座

弗雷德里克·德·威特在1670年绘制的星座图

寻找北极星

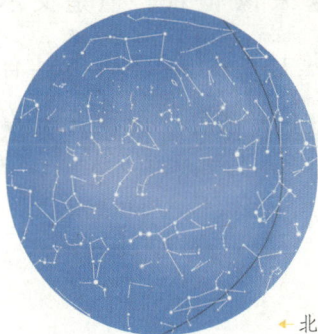

↑ 北全天星图

nǐ kě yǐ tōng guò běi dǒu qī xīng dǒu bǐng zuì wài bian de liǎng kē
你可以通过北斗七星斗柄最外边的两颗
xīng tiān xuán hé tiān shū huà yì tiáo yáncháng xiàn dà yuē yáncháng
星——天璇和天枢画一条延长线，大约延长
bèi duō jiù néng pèng dào yì kē liàngxīng zhè jiù shì běi jí xīng
5倍多，就能碰到一颗亮星，这就是北极星。

现在的星座

xiàn zài wǒ men zài xīng tú shàng kàn dào de gè xīng
现在，我们在星图上看到的88个星
zuò shì nián guó jì tiān wén xué lián hé huì zhèng shì què dìng
座是1928年国际天文学联合会正式确定
de qí zhōng hěn duō xīng zuò de míng chēng shì yán yòng gǔ dài
的，其中很多星座的名称是沿用古代
xī là shén huà li de rén wù
希腊神话里的人物。

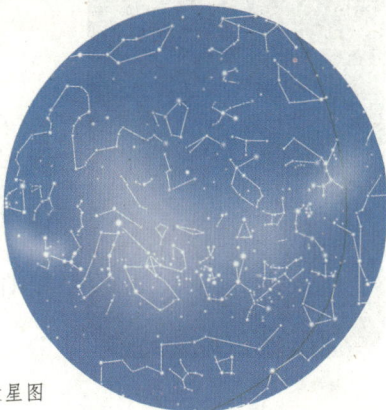

→ 南全天星图

类星体

类星体在一般光学观测中只是一个光点，看起来很像恒星，但是在分光观测中，它的谱线具有很大的红移，不可能是恒星。时至今日，天文学家们仍然不能确定这类天体的性质，因此就把它们称为类星体。

神秘天体

类星体是一种十分奇特的天体，它们看起来像恒星，但是又不可能是恒星；在更清晰的照片上它看起来像星团，但是它却不具有星团的性质；它发出的辐射信号类似星系，但是它也不是星系，类星体是宇宙中神秘的天体。

一颗位于星系中心的类星体

类星体的分类

现在的类星体包括两大类，一类叫作类星射电源，一类叫作蓝星体。目前在所有的类星体中，蓝星体所占的数量最多，这是因为蓝星体存在的时间要比类星射电源长久得多。蓝星体的红移量也很巨大，并且十分明亮。

强大的辐射能力

最初，人们是在宇宙射电波段的探测过程中获悉类星体存在的。但事实上，类星体在光学波段、紫外波段、X射线波段都有很强的辐射，而射电波段的辐射只占据了其辐射方式的很小一部分。

类星体是宇宙中最亮的星体，它之所以这么亮是因为超重黑洞吞噬物质而发出辐射所造成的。

小档案

第一个被人类发现的类星体的编号是3C273，它是在1961年被发现的。

类星体的速度

天文探测结果显示类星体移动的速度非常快，有一些类星体的速度甚至"超过"了光速。不过绝大多数天文学家认为这些类星体的速度只是看起来超过了光速，这种现象称为视超光速运动，并不是真的超过光速。

双胞胎类星体

天文学家们曾经发现一对双胞胎类星体，它们分别是 QSO0957+561A 及 QSO0957+561B。实际上这两个类星体是同一个天体，只不过它们的光线被一个暗星系改变方向，所以看起来成了两个。

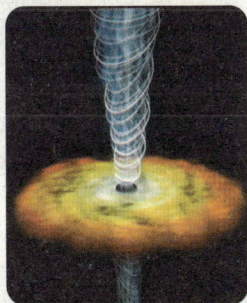

QSO0957+561A 及 QSO0957+561B

古代中国天文

很早很早以前我们的祖先就已经开始探索宇宙了，中国是世界上有天文学最早的国家之一，我国古代天文在世界天文学上占有很重要的地位。

萌芽阶段

在原始社会时期我们的祖先就已经对太阳的变化做了记载，尧帝时代就已经有专门的天文官了。

古代天文学家

东汉时期的张衡和元代时期的郭守敬都是我们国家最著名的古代天文学家，他们很早就开始探索宇宙的奥秘了。

◄ 张衡

古代中国天文成就

wǒ guó zuì zǎo jì lù le hā léi huì xīng liú xīng yǔ tài yáng hēi zǐ děng tiān wén xiànxiàng zhè shì
我国最早记录了哈雷彗星、流星雨、太阳黑子等天文现象，这是

duì shì jiè tiān wén xué zuì
对世界天文学最

hǎo de kē xué yí chǎn
好的科学遗产。

wǒ guó hái zuì zǎo biān zhì
我国还最早编制

le lì fǎ
了历法。

→ 最早的历法

立春	雨水	惊蛰	春分	清明	谷雨
立夏	小满	芒种	夏至	小暑	大暑
立秋	处暑	白露	秋分	寒露	霜降
立冬	小雪	大雪	冬至	小寒	大寒

小档案

在我国河南安阳出土的殷墟甲骨文中，已有丰富的天文现象的记载。

天文仪器

zhōngguó hěn zǎo jiù yǐ jīng yǒu le tiān wén yí qì le wǒ
中国很早就已经有了天文仪器了，我

guó zuì gǔ lǎo zuì jiǎn dān de tiān wén yí qì shì tǔ guī yě jiào
国最古老、最简单的天文仪器是土圭，也叫

guī biǎo
圭表。

★ 陈列在北京古观象台的圭表

早期天文台

天文台是人们专门进行天象观测和天文学研究的机构，天文台很多都建在了山上。原始人类很注意对天体的观测，古代很早就已经建设了天文台。

世界上最早的天文台

古代埃及人为了观测天狼星，在公元前2600年就已经建造了天文台，这是世界上最早的天文台。

▲ 第谷天文台

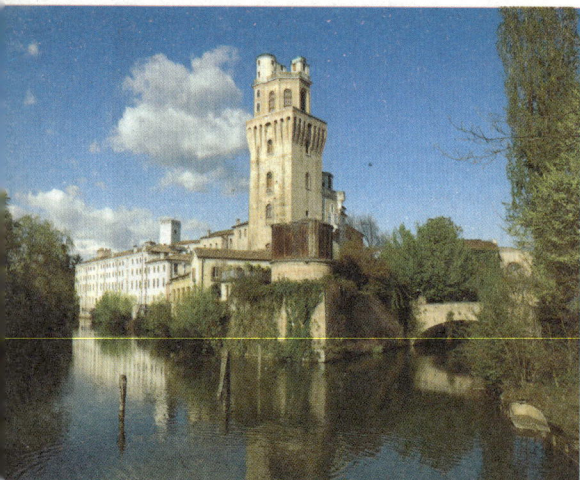
▲ 帕多瓦天文台

早期天文台的作用

古代许多国家的天文台不但是天文观测的场所，也是运用占星学的场所，因此古代天文台一般都为统治者所控制。

▲ 北京古观象台

我国著名的古代天文台

我国古代观测天象的台址名称很多，如灵台、瞻星台、司天台、观星台和观象台等。现今保存最完好的就是河南登封观星台和北京古观象台。

为什么天文台大都在山上

越高的地方，空气越稀薄，烟雾、尘埃和水蒸气越少，影响就越小，所以天文台大多设在山上。

小档案

目前世界上最古老的天文台是公元623～647年间被建于韩国庆州的瞻星台。

▼ 马其顿古天文台

天文巨人哥白尼

　　小朋友们都听说过哥白尼吧，他最著名的一句话就是"人的天职在于踊跃探索真理"。1543年，哥白尼在他的著作中宣布太阳是宇宙的中心，改变了天文学发展的方向。

简介

哥白尼1473年出生于波兰，是第一位提出太阳为中心——日心说的欧洲天文学家，一般认为他著的《天体运行论》是现代天文学的起步点。

小档案

哥白尼兴趣广泛，精通多种语言，在物理方面也是一流的。

← 哥白尼

日心说

gē bái ní rèn wéi suǒ yǒu de tiān tǐ dōu wéi rào zhe
哥白尼认为所有的天体都围绕着
tài yáng yùn dòng　yǔ zhòu de zhōng xīn zài tài yáng fù jìn
太阳运动，宇宙的中心在太阳附近，
zhè jiù shì　rì xīn shuō　de tí chū
这就是"日心说"的提出。

→ 日心说的太阳系图

《天体运行论》

zhè shì yí bù cháng dá　juàn de jù zhù
这是一部长达6卷的巨著，
nèi róng zhǔ yào yǒu　gè yào diǎn　dì qiú shì yùn
内容主要有4个要点：地球是运
dòng de　yuè liang shì dì qiú de wèi xīng　tài
动的，月亮是地球的卫星，太
yáng shì yǔ zhòu de zhōng xīn　tiān tǐ de pái liè
阳是宇宙的中心，天体的排列
yǒu yí dìng shùn xù　tiān tǐ de yùn dòng yě yǒu
有一定顺序、天体的运动也有
yí dìng guī lǜ
一定规律。

◄ 哥白尼《天体运行论》手稿

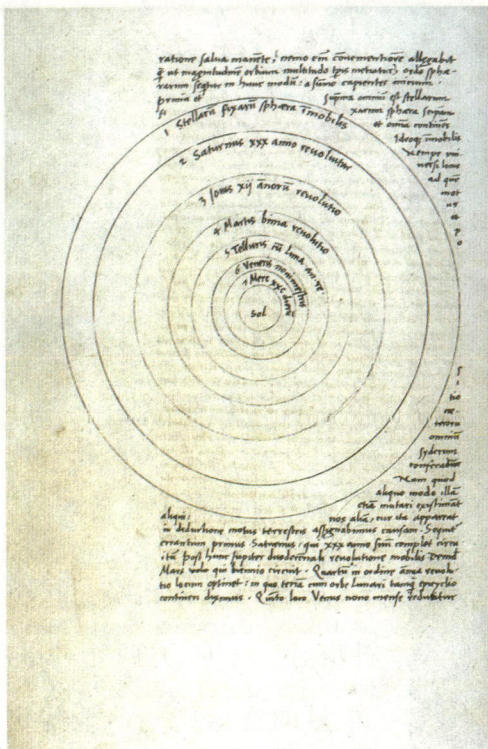

历史地位

gē bái ní shì jìn dài tiān wén xué de diàn jī rén　tā de yán jiū nèi róng wèi yǐ hòu tiān wén xué de fā
哥白尼是近代天文学的奠基人，他的研究内容为以后天文学的发
zhǎn dǎ xià le hěn hǎo de jī chǔ　shì zuì wěi dà de tiān wén xué jiā
展打下了很好的基础，是最伟大的天文学家。

伽利略的发现

伽利略是意大利伟大的天文学家、物理学家、力学家和哲学家，他第一次用科学实验的方法将数学、物理学和天文学贯通起来，被称为"近代科学之父"。

伽利略

他的介绍

伽利略是意大利人，1564年2月生于意大利的比萨，是一位伟大的科学巨人和不屈不挠的战士。

两个铁球同时落地

1590年，伽利略在比萨斜塔上证明了两个不同重量的铁球同时落地的实验，推翻了亚里士多德"物体下落速度和重量成比例"的学说。

望远镜

望远镜是我们都很喜欢的东西，它就是由伽利略发明的，他还用望远镜观察宇宙呢。

◄ 伽利略教威尼斯总督如何使用望远镜。

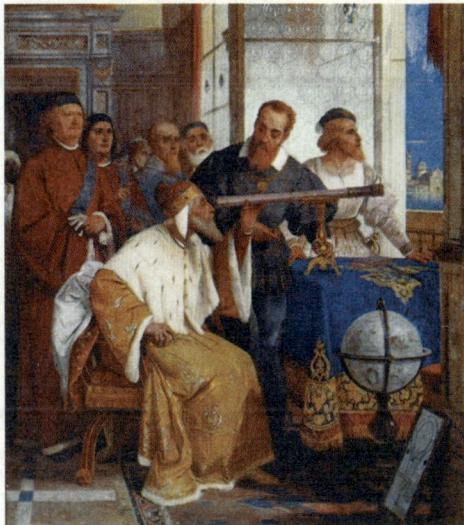

科学发现

伽利略利用望远镜发现了月球表面的凹凸不平，并画出了第一幅月面图，还发现了土星光环、太阳黑子、太阳的自转等。

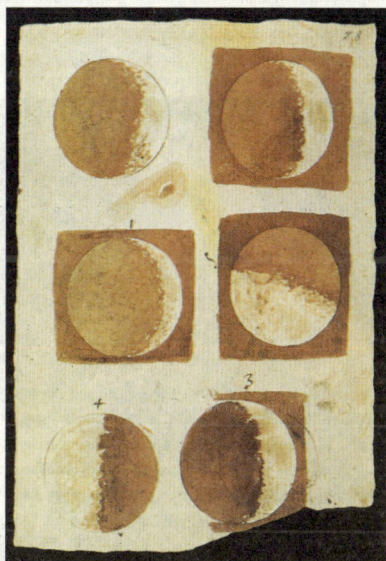

◄ 伽利略的月相图

小档案

为了纪念伽利略的功绩，人们把木卫一、木卫二、木卫三和木卫四命名为伽利略卫星。

主要贡献

伽利略用实验证实了哥白尼的"日心说"，彻底否定了统治千余年的亚里士多德和托勒密的"地心说"。

哈勃和宇宙

哈勃可是个了不起的科学家呢，他发现了星空的银河，原来就是我们的银河系，还发现了宇宙在不断地膨胀变大。

人物介绍

哈勃是美国天文学家，也是观测宇宙学的开创者。他于1889年11月20日生于密苏里州马什菲尔德，1953年9月28日逝世于加利福尼亚圣马力诺。

◄ 哈勃是银河外天文学的奠基人和提供宇宙膨胀实例证据的第一人。

研究贡献

哈勃发现了银河系外面的星系，如果没有哈勃，我们还是认为宇宙中只有太阳系呢，他发现了银河系及其之外的很多星系。

↑哈勃太空望远镜

哈勃望远镜

yóu yú hā bó zài tiān wén xué shang yǒu jù dà de gòng xiàn　　xiàn zài zài wéi rào dì qiú yùn dòng de hā
由于哈勃在天文学上有巨大的贡献，现在在围绕地球运动的哈
bó wàng yuǎn jìng jiù shì yǐ tā de míng zì mìng míng de　　　shì mù qián zuì zhòng yào de tài kōng wàng yuǎn jìng
勃望远镜就是以他的名字命名的，是目前最重要的太空望远镜。

↑哈勃发现的银河外星系

哈勃定律

hā bó fā xiàn le hā bó dìng lǜ　　shì wǒ
哈勃发现了哈勃定律，是我
men jì suàn yín hé xì zhī wài de xīng xì yǔ wǒ
们计算银河系之外的星系与我
men zhī jiān jù lí de zhòng yào dìng lǜ
们之间距离的重要定律。

巨大贡献

hā bó duì　shì jì tiān wén xué zuò chū le xǔ duō gòng xiàn　　tā kāi chuàng le xīng xì tiān wén xué
哈勃对 20 世纪天文学做出了许多贡献，他开创了星系天文学，
hái fā xiàn le xīng xì de hóng yí hé jù lí de guān xì　　cù shǐ le xiàn dài yǔ zhòu xué de dàn shēng
还发现了星系的红移和距离的关系，促使了现代宇宙学的诞生。

现代天文台

如果想和宇宙"零"距离接触，天文台是一个很不错的选择，它是我们遥望天空的基地。每个天文台都拥有一些观测天象的仪器设备，主要是天文望远镜。

基本分类

现代的天文台主要分为光学天文台、射电天文台和空间天文台。其中空间天文台是由人造卫星组成的，在太空里飞翔。

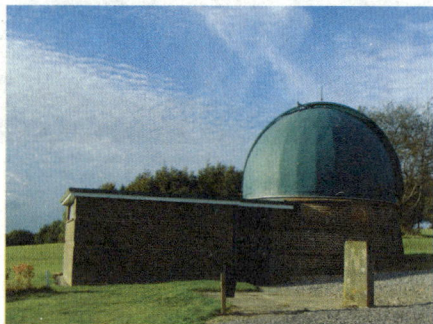
↖ 现代天文台

基本构造

天文台一般都是半球形的屋顶，这样做不是为了好看，而是为了方便我们更好地观察太空，观测室一般都是半球形的。

↖ 天文台

我国的天文台

wǒ guó zhù míng de tiān wén tái
我国著名的天文台
yǒu guó jiā tiān wén tái　　zǐ jīn shān
有国家天文台、紫金山
tiān wén tái hé shàng hǎi tiān wén tái
天文台和上海天文台。
tā men zài shì jiè shang dōu shì bèi gōng
它们在世界上都是被公
rèn zuì xiān jìn de tiān wén tái
认最先进的天文台。

◁ 紫金山天文台

外国的天文台

guó wài zhù míng de tiān wén tái yǒu yīng guó gé lín ní zhì huáng
国外著名的天文台有英国格林尼治皇
jiā tiān wén tái　　měi guó xià wēi yí mò nà kè yà shān tiān wén tái
家天文台、美国夏威夷莫纳克亚山天文台、
ōu zhōu nán fāng tiān wén tái děng
欧洲南方天文台等。

格林尼治天文台

小档案

在现代天文台里，半球形屋顶和望远镜的转动都是由计算机系统控制的，精确度非常高。

望远镜

望远镜可以大大延长我们的视力范围，使我们看得更远。天文望远镜是我们观察宇宙最好的朋友了，它是我们望向天空的"眼睛"。

功不可没

人类从中世纪就已经发明了望远镜，人类的视野也因此大大地拓展了。自从人类把望远镜运用于天文观察后，天文学取得了空前的发展。

→ 16世纪末期，伽利略自己亲手制造了一台望远镜。

第一个太空望远镜

第一个太空望远镜是1990年发射的著名的哈勃太空望远镜，它可以避开地球的大气层，我们现在看到的很多宇宙照片都是它拍的。

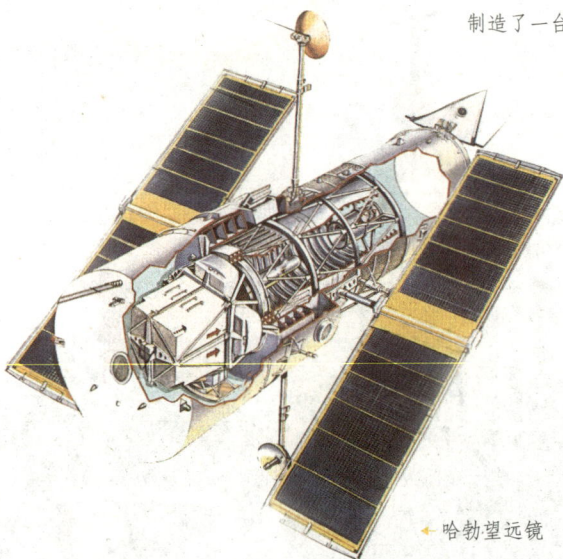

→ 哈勃望远镜

我国的天文望远镜

中国第一台太空轨道望远镜乘坐着"神舟"二号飞船于2001年升入太空，这是我们国家第一次自行研制的望远镜升空。

"神舟"二号飞船

小档案

哈勃太空望远镜实质上是一颗大型天文卫星，犹如一座空间天文台。

分类介绍

目前有很多太空望远镜在宇宙中运行，如观测可见光波段的哈勃太空望远镜，观测红外波段的史匹哲太空望远镜，观测X光波段的钱德拉太空望远镜等。

钱德拉太空望远镜

135

航天器

<ruby>行<rt>xíng</rt></ruby>器在地球大气层外的飞行就叫作航天。航天器在大气层外飞行不能依靠大气的帮助，所有的飞行动力全都来自航天器自身，发动机所需要的燃料和氧化剂都是自身携带的。

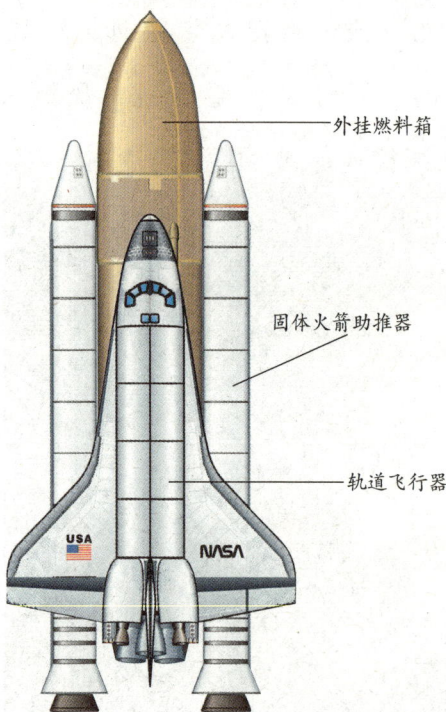

外挂燃料箱

固体火箭助推器

轨道飞行器

▲ 飞船结构图

飞船装备

"神舟"号载人飞船自上而下为轨道舱、返回舱和推进舱。轨道舱外侧的保护套内是太阳电池阵，返回舱上侧呈圆形的是降落伞舱盖，推进舱外表面为散热层，最下面是与运载火箭的对接段。

小档案

航天器包括火箭、人造卫星、空间探测器、宇宙飞船、航天飞机和空间站。

运载火箭

用速度克服地球引力，将卫星、飞船、探测器等有效载荷送入太空的航天运输工具称为运载火箭。运载火箭自身携带燃料和氧化剂，可以在大气层内、外飞行。

▶"土星"五号火箭在美国肯尼迪发射中心发射升空的景象

航天飞机

航天飞机返回时，轨道器上的机翼与空气作用产生的空气动力使轨道器具有强大的机动能力。

▶"哥伦比亚"号航天飞机是第一架成功实现近地轨道飞行的美国航天飞机。1981年4月12日"哥伦比亚"号航天飞机首次飞行。

空间站

随着航天事业的不断发展，在太空中的短期停留已不能满足人类研究的需要。空间站可以提供人类长期在太空工作、生活的空间和必要条件。它就像是研究人员在太空中的家，逐渐拉近人类与远处天体的距离。

空间站的组成

空间站作为宇航员在太空中长期工作和生活的地方，一般都有数百立方米的空间。它具体划分为很多不同的区域，有过渡舱、对接舱、工作舱、服务舱和生活舱等。一个空间站通常有数十吨重，由直径不同的几段圆筒串联而成。

功能货舱
是多用途电力
供应和推进舱

节点舱用
作连接

服务舱带有环境控制和生命保障系统，以及宇航员们的卧室、餐厅和盥洗室。

具体分工

过渡舱是宇航员进出空间站的必经通道。对接舱是空间站的重要组成部分，是其他载人飞船和航天器的停靠码头。工作舱，顾名思义就是宇航员进行太空工作的场所。生活舱则提供给宇航员舒适的生活环境。

太空实验室

tài kōng shí yàn shì zhǔ yào zài tài kōng zhōng jìn xíng duǎn qī de shí yàn　tā shàng miàn zhǐ xié dài zhe gè

太空实验室主要在太空中进行短期的实验。它上面只携带着各

zhǒng tài kōng shí yàn yí qì hé shè bèi　méi yǒu zì zhǔ fēi xíng néng lì　fēi xíng tiáo jiàn　shēng huó tiáo jiàn

种太空实验仪器和设备，没有自主飞行能力，飞行条件、生活条件、

néng yuán tiáo jiàn　shí yàn bǎo zhàng tiáo jiàn děng gè gè fāng miàn　dōu yī fù yú háng tiān fēi jī

能源条件、实验保障条件等各个方面，都依附于航天飞机。

小档案

国际空间站从1998年发展到现在初具规模,已完成部分模块的组装。

↓ 国际空间站

国际大联合

guó jì kōng jiān zhàn shì yí gè guó jì dà hé zuò de xiàng

国际空间站是一个国际大合作的项

mù　cān yù de yǒu měi guó　é luó sī　rì běn　jiā

目，参与的有美国、俄罗斯、日本、加

ná dà　bā xī hé ōu zhōu háng tiān jú de　gè chéng yuán guó

拿大、巴西和欧洲航天局的11个成员国

gòng　gè guó jiā　zhè shì rén lèi háng tiān shǐ shang shǒu cì duō

共16个国家。这是人类航天史上首次多

guó hé zuò wán chéng de kōng jiān gōng chéng　guī mó hào dà

国合作完成的空间工程，规模浩大。

宇航员

宇航员是专门在太空中工作的人员，主要负责各种航天器的驾驶、维修和管理，以及在航天过程中的生产、科研和军事等工作。

良好的素质

宇航员首先要具备良好的身体素质，这样才能很好地适应太空中的特殊环境。其次就是心理素质，宇航员要有适应寂寞、消除紧张和排解无聊的能力。

在如此狭窄的空间工作，宇航员所要承受的心理压力可想而知。

层层选拔

要想成为一名宇航员，一开始就要经过层层的选拔，这一选拔过程是非常严格和严谨的。第一步就是进行身体检查，从医学的角度出发，对候选人的身体状况做检查，看其是否符合标准；第二步是基本条件的选拔。这是一轮书面选拔，主要考虑年龄、身高、体重等一些基本条件；最后是心理和适应能力的考核。

体能训练

经过了层层选拔并不意味着就可以成为一名合格的宇航员。职业的宇航员一般还要经过3~4年的特殊训练。其中体能训练是很必要的，主要是通过一些体育项目的训练，如游泳、球类等。

◄ 航天员在模拟航天器环境中进行操作训练。

特殊训练

宇航员的工作地点非常特殊，太空环境会让人产生种种不适。因此他们要经过一系列特殊的训练，使其能够更好地适应太空环境。超重训练、失重训练和低压训练等是宇航员必须经过的"考验"。

小档案

苏联的尤里·阿列克塞纳维奇·加加林是第一个进入太空的人。

▲ 航天员在模拟太空环境的中性浮力水池中进行舱外维修训练。

人造卫星

环 绕地球飞行并在空间轨道运行一圈以上的无人航天器，简称人造地球卫星。人造卫星是发射数量最多、用途最广、发展最快的航天器。

🚀 前赴后继

1957 年 10 月 4 日，苏联发射了世界上第一颗人造卫星。之后，美国、法国、日本也相继发射了人造卫星。中国于 1970 年 4 月 24 日发射了"东方红"一号人造卫星。

到现在为止，地球静止轨道上已经存在着数百颗卫星，电报、电话、广播和互联网都可以通过地球静止轨道卫星传播。

"风云"二号静止轨道气象卫星

小档案

如果一个航天器围绕着地球飞行，我们就可以把它称之为人造卫星。

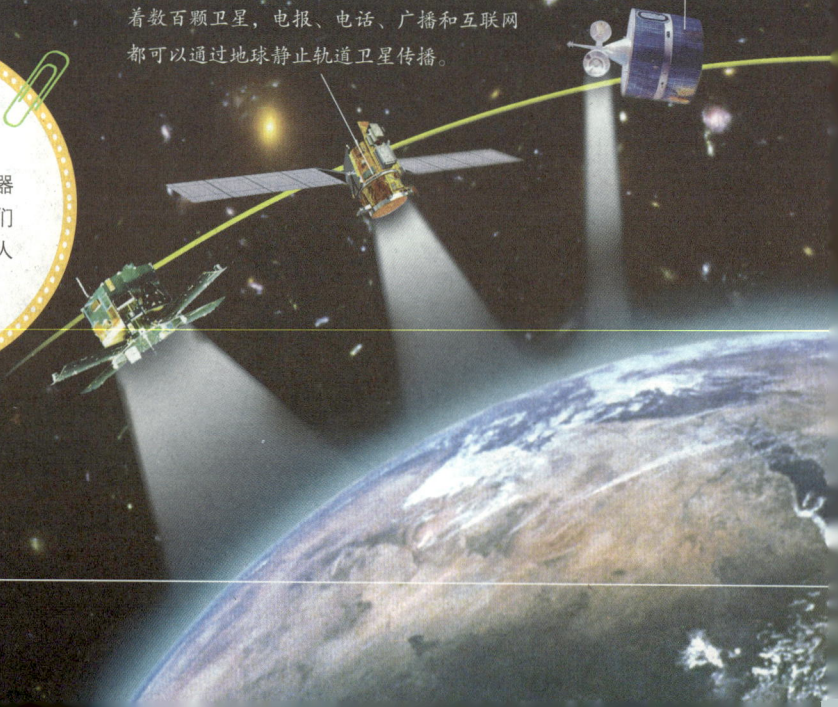

应用卫星

yìngyòng wèi xīng àn qí yòng tú kě fēn wéi kōng jiān wù lǐ tàn
应用卫星按其用途可分为空间物理探

cè wèi xīng tōng xìn wèi xīng tiān wén wèi xīng qì xiàng wèi xīng
测卫星、通信卫星、天文卫星、气象卫星、

dì qiú zī yuán wèi xīng zhēn chá wèi xīng dǎo háng wèi
地球资源卫星、侦察卫星、导航卫

xīng cè dì wèi xīngděng
星、测地卫星等。

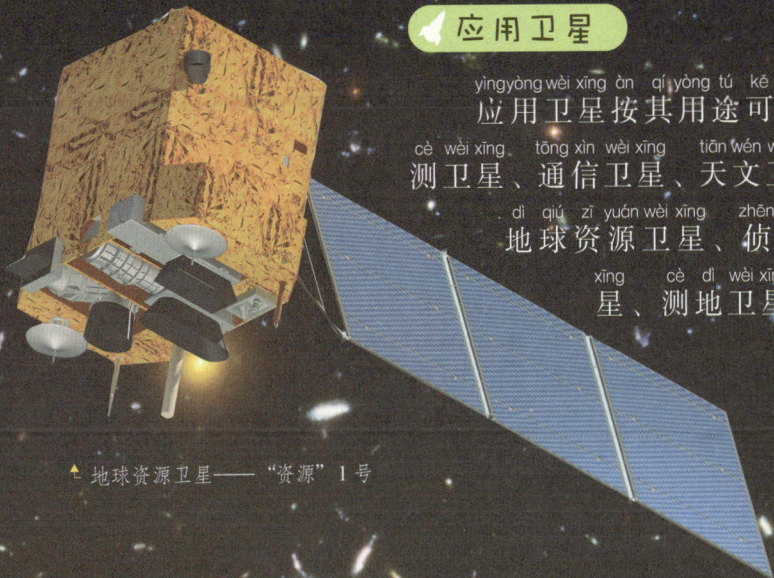

↑ 地球资源卫星——"资源"1号

静止卫星

zài wèi xīng guǐ dào gāo dù dá dào qiān mǐ bìng yán dì qiú chì dàoshàng
在卫星轨道高度达到35 800千米,并沿地球赤道上

kōng yǔ dì qiú zì zhuàntóng yì fāngxiàng fēi xíng shí wèi xīng rào dì qiú xuánzhuǎnzhōu qī
空与地球自转同一方向飞行时,卫星绕地球旋转周期

yǔ dì qiú zì zhuǎnzhōu qī wánquánxiāngtóng xiāng duì wèi zhì bǎo chí bú biàn cǐ wèi
与地球自转周期完全相同,相对位置保持不变。此卫

xīngcóng dì qiú shàngkàn lái shì jìng zhǐ de guà zài gāokōng chēngwéi jìng zhǐ wèi xīng
星从地球上看来是静止地挂在高空,称为静止卫星。

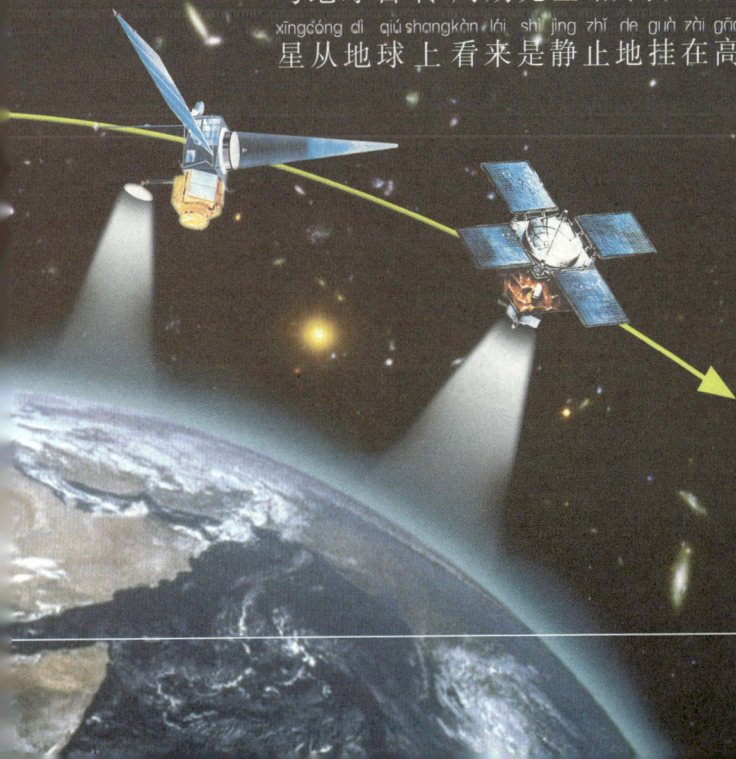

人在太空

载人航天器在太空飞行是处于微重力环境下的，宇航员只有练就了独特的生存本领才能适应太空为他们营造的"氛围"。因此，在多姿多彩的太空生活中，宇航员的衣食住行是别具特色的。

太空饮食

宇航员吃的是罐头和冷冻食品。流质食物需要经过处理，不然在没有引力的情况下，它们会变成雾滴消失。

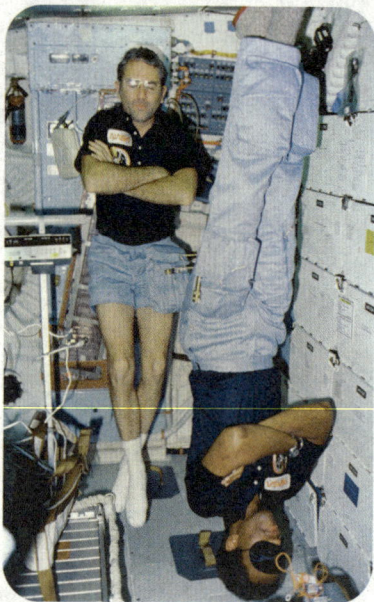

太空食品与地球上的食品有很大不同。由于太空中的微重力环境，太空食物在食用中不能产生碎屑、汤汁等。

太空睡眠

宇宙飞行中，宇航员的睡眠是与地面上不同的，而且十分有趣。在失重的太空睡眠时，当身体完全放松后，身体会自然形成一种弓状姿势。

太空中睡觉戴上眼罩，是为了防止光线干扰。

太空是一个失重的世界，模拟失重状态训练是每
一个宇航员所必修的功课。

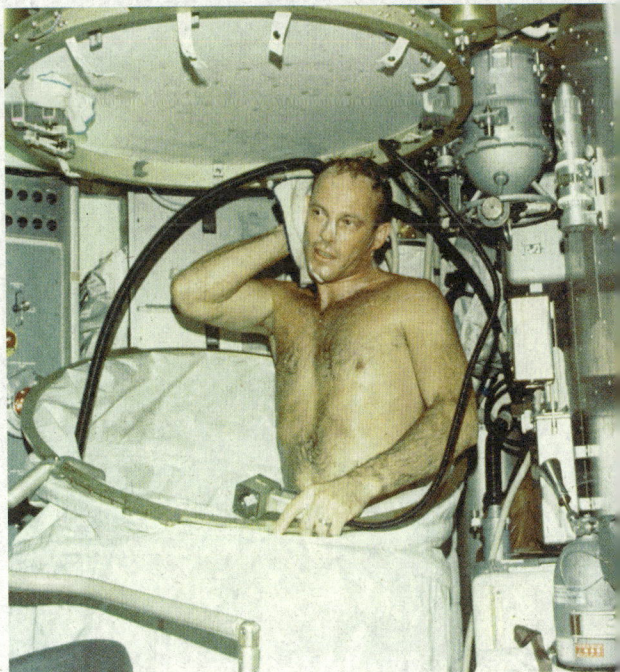

冒险的事业

迄今为止，已有22名宇
航员在载人航天事故中牺牲，
其中美国17人，苏联5人。
另外还有由于飞机飞行事故死
亡的航天员18名。

小档案

太空的衣食住行
与地面有明显差异，从
太空回来的宇航员身
体会"长"高。

太空洗澡

寻找外星人

在茫茫的宇宙中，或许某颗星球有与地球相似的环境，人们正努力探寻外星生命。但现今人类还无法确定是否有外星生命，甚至是"外星人"的存在。

"奥兹玛"计划

"奥兹玛"计划是人类试图寻找外星人的一次创举。1960年，天文学家们用射电望远镜苦苦等待了400个小时，试图接收到那里的"外星人"可能向我们发出的信号。

旅行者

1977年8月和9月，人类又成功发射了"旅行者"一号和"旅行者"二号探测器，它们这次携带了一张镀金唱片，唱片录制了丰富的地球信息。这张唱片可以在宇宙中保存10亿年。

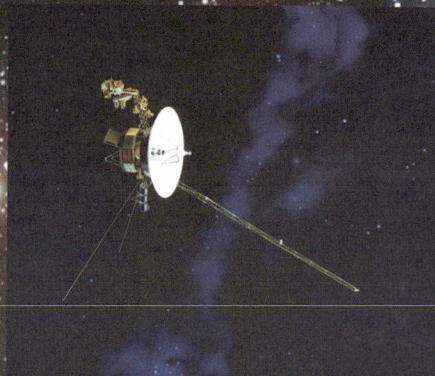
▲ "旅行者"探测器

小档案

那些"肩负重任"的探测器可能要用几十万年，甚至几百万年才能接近那些星球。

▼ 人类想象中的外星人

↑ 先驱者 10 号

先驱者

1972 年 3 月和 1973 年 4 月，美国先后成功发射了"先驱者"十号和"先驱者"十一号探测器。它们肩负的重任就是飞离太阳系，在茫茫宇宙中寻找外星人。

147

飞碟之谜

飞碟之谜是困扰人类的几大难题之一，世界各国对"不明飞行物"都颇为关注。近年来，飞碟的研究热潮在世界范围内逐渐高涨。

争议

全世界自称亲眼见过飞碟的人数有1500万，关于飞碟的争论十分激烈，有人坚信确实有飞碟，也有人说那不过是一种自然现象。

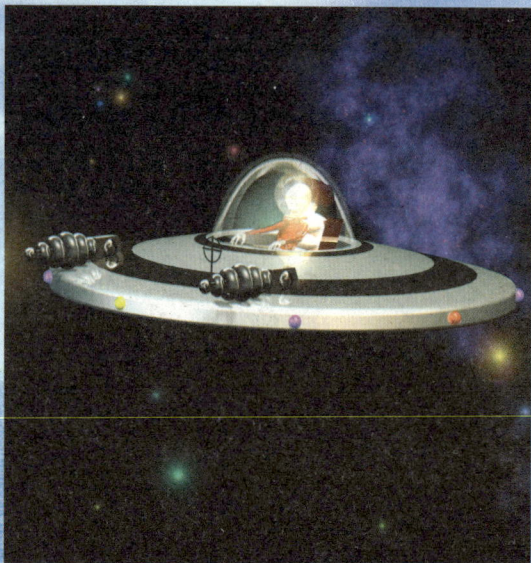

▲ UFO

UFO

1878年1月，美国一个农场主在自己的庄园里劳动时偶然发现天空中有一个快速飞行着的圆形怪物，这是人类最先在报纸上报道的"未经探明的空中飞行物"，简称UFO，因为这种"怪物"是圆盘形，所以人们也叫它"飞碟"。

天空中的飞碟

各种形态

kē xué jiā duì gè zhǒng fēi dié de bào dào zuò guo tǒng jì fēi dié de xíngzhuàngyǒu duōzhǒng
科学家对各种飞碟的报道做过统计，飞碟的形状有130多种，

chú le yuánpán xíng hái yǒu biǎn guōzhuàng mó gu zhuàng miànbāozhuàng gǎn lǎn zhuàng xuě jiā zhuàng suō
除了圆盘形，还有扁锅状、蘑菇状、面包状、橄榄状、雪茄状、梭

zi zhuàngděng fēi dié de yán sè yě yě shì wǔ yán liù sè de
子状等，飞碟的颜色也是五颜六色的。

太空异形系列图像

小档案

宇宙中到底有没有飞碟，飞碟是否真正来过地球，都是一个待解的谜。

航天探测器

航
tiān tàn cè qì shì duì yuè qiú　　tài yáng　　tài yáng xì xíng xīng　　huì xīng　　xiǎo
天探测器是对月球、太阳、太阳系行星、彗星、小
xíng xīng jí yǔ zhòu tiān tǐ jìn xíng tàn cè de wú rén háng tiān qì　　tā men duì yǔ
行星及宇宙天体进行探测的无人航天器，它们对宇
zhòukōng jiān de tàn suǒ qǔ dé le fēngshuò de chéng guǒ
宙空间的探索取得了丰硕的成果。

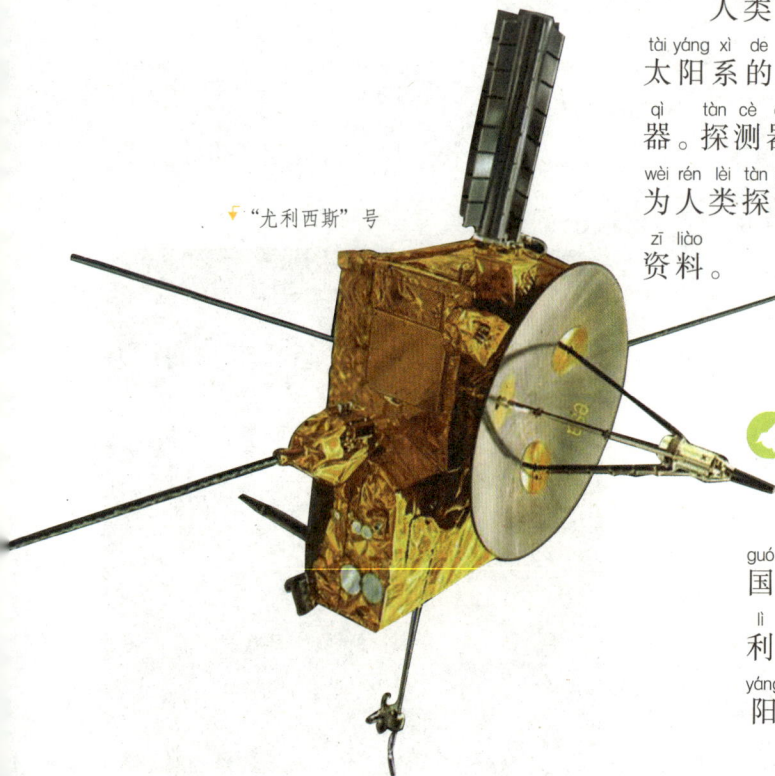

"尤利西斯"号

🚀 重要作用

rén lèi yǐ jīng xiàng yuè qiú　　tài yáng jí
人类已经向月球、太阳及
tài yáng xì de bā dà xíng xīng fā shè le tàn cè
太阳系的八大行星发射了探测
qì　　tàn cè qì kuòzhǎn le rén lèi de shì yě
器。探测器扩展了人类的视野，
wèi rén lèi tàn suǒ yǔ zhòu tí gōng le zhòngyào de
为人类探索宇宙提供了重要的
zī liào
资料。

🕊 先锋

nián　　měi
1994 ~ 1995 年，美
guó hé ōu zhōu lián hé tàn cè qì　　yóu
国和欧洲联合探测器"尤
lì xī sī　　hào shǒu cì fēi guò tài
利西斯"号首次飞过太
yáng de liǎng jí
阳的两极。

小档案

发射探测器种类和数量比较多的目的地是人类最感兴趣的月球和火星。

↑ "先驱者"十号探测器重约260千克,为六棱柱体,高2.4米,最大直径2.7米。它拍摄了第一张木星照片。

测量

太空探测器上有各种各样的计量器、测量仪表和探测仪器。在航行中,探测器会对遇到的粒子、辐射波和微流星体加以研究。

探测器

已经发射的探测器有月球探测器、地球探测器、太阳探测器和太阳系行星探测器。

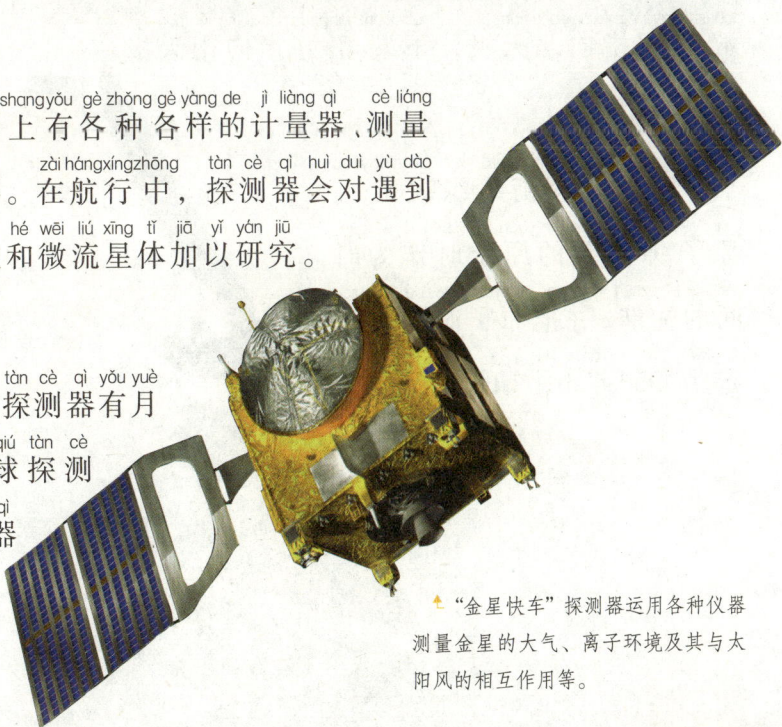

↑ "金星快车"探测器运用各种仪器测量金星的大气、离子环境及其与太阳风的相互作用等。

时间趣闻

古时候，太阳的升起和落下是人类最好的计时工具，就是所谓的"日出而作，日落而息"。大爆炸理论认为，宇宙从一个起点处开始，这也是时间的起点。

日晷

日晷又称"日规"，是我国古代利用日影测得时刻的一种计时仪器，通常由铜制的"晷针"和石制的圆盘"晷面"组成。晷针的上端正好指向北天极，下端正好指向南天极。

▷ 日晷

原子时

国际度量衡组织决定用原子钟得到的原子时作为时间的标准，并把原子时的起点定为1958年1月1日。

小档案

世界时就是我们所说的格林尼治时间，它是以地球自转为基准而确定的时间。

"星期"的来历

古罗马人最早使用星期。所谓"星期",其实就是指星星的日期。他们认为天体从远到近的顺序是日、月、火、水、木、金、土。

昨天和今天

人们在人烟稀少的 180°经线附近划定了一条线,叫"国际日期变更线"。日期变更线的西面是"今天",东面是"昨天"。

在古代,沙漏也是计时的一种器具。

"月"的起源

月亮的形状和出没是古人观察的重要内容。人们发现月亮从圆到缺,又从缺到圆,周而复始,于是产生了"月"。

月亮的不同形状

少年儿童成长百科

宇宙奇观